做中学 电子电路

电路基础

〔日〕ADWIN株式会社 著

科创编辑部 译

科学出版社

北京

图字：01-2018-7978号

内 容 简 介

本书是“做中学电子电路”系列教材的第一本，旨在引导读者通过电路制作、实验边做边学，在短时间内掌握电路基础知识。

全书分为40个学习实验步骤，内容涵盖面包板的使用、LED调光电路、电流/电压/电阻的测量、二极管应用、*CR*电路，晶体管放大电路、振荡电路、直流电机控制，以及结型FET、MOS型FET应用。

本书可用作本科和高职高专院校的电子技术专业教材，也可用作科技教育、创客教育培训教材。

Originally published in Japan by ADWIN Corporation.
Chinese (in simplified character only) translation rights arranged with ADWIN Corporation.
キットで遊ぼう電子回路 No.1：基本編 vol.1　978-4903272764
キットで遊ぼう電子回路 No.2：基本編 vol.2　978-4903272771

图书在版编目（CIP）数据

做中学电子电路：电路基础/（日）ADWIN株式会社著；科创编辑部译.—北京：科学出版社，2019.1
ISBN　978-7-03-059645-1
Ⅰ.做…　Ⅱ.①A…　②科…　Ⅲ.电子电路　Ⅳ.TN7
中国版本图书馆CIP数据核字（2018）第260751号

责任编辑：喻永光　杨　凯 / 责任制作：魏　谨
责任印制：张克忠 / 封面制作：张　凌
北京东方科龙图文有限公司 制作
http://www.okbook.com.cn

科学出版社 出版
北京东黄城根北街16号
邮政编码：100717
http://www.sciencep.com
三河市春园印刷有限公司 印刷
科学出版社发行　各地新华书店经销
*
2019年1月第　一　版　开本：787×1092　1/16
2019年1月第一次印刷　印张：8
字数：100 000

定价：68.00元
（如有印装质量问题，我社负责调换）

前言

如今，科学技术取得了惊人的进步，但在教育领域，笔者认为学习方法和教育方法几乎没有变化。学生不爱学习只是其中的部分原因，教师也存在一定的问题。最终导致学生的个人潜能未能充分发挥，非常可惜。

那么，有没有让学生在短时间内掌握本质、发现兴趣点、独立学习的学习方法和教育方法？在体育界，为了培养奥运选手，人们不断研究出了各种科学训练方法。但笔者认为，在技术教育领域，教材和教育方法的开发还远远不够，可以说几乎没有进步。虽然有教育学这样的学科，但是笔者认为它没有取得本该有的成就。

现在，硬件学习不再是从前师父单独指导弟子的学习方式，网络等各种方式都被运用了起来。但是，只是学习方式发生了变化，重要的教育方法仍然处于原始时代。

笔者认为，有学习欲望，却因没有得到合适的指导而被冠以“差生”称谓的年轻人也很多。

革新之路还很漫长。

与世界上其他国家相比，现在的日本对技术人员的评价总体来看相当低。企业引入大量技术人员，支撑起工业大国日本已成为历史。那么，现在又如何呢？

电子产品深入家庭生活，大量物美价廉的商品从中国等国家流入日本，冲击了本国的市场。产业重组风暴席卷日本，曾经支撑国家的技术人员被大量裁员。

企业自身的生存状况不容乐观，毕业后无法就业的年轻人也在增加。

笔者认为，自己的路要靠自己来开辟。

本系列教材的目的是让大家掌握开辟道路所需的有力武器——电子技术人员的基本能力。

最后，衷心感谢购买本书的各位读者。今后也请各位多多关照。

ADWIN 株式会社　董事长

答岛一成

目录

零件清单

本书所用的电子零件如下。此外，还要准备电烙铁和万用表。

图　示	零件名称	备　注	型　号	数　量
	面包板		MB-102	1
	面包线			若干
	电阻器	47Ω	1/4W	1
	电阻器	220 Ω	1/4 W	2
	电阻器	820 Ω	1/4 W	3
	电阻器	1.5kΩ	1/4W	3
	电阻器	2.2kΩ	1/4 W	3
	电阻器	10kΩ	1/4W	1
	电阻器	15kΩ	1/4 W	1
	电阻器	33kΩ	1/4 W	3
	可变电阻器	100kΩ		1
	电阻器	200kΩ	1/4 W	1
	电阻器	4.7MΩ	1/4 W	1
	LED	红色		4
	LED	黄色		3
	LED	绿色		3
	二极管		1S1588	3
	薄膜电容器	0.1μF	0.1 J.100	3
	电解电容器	10μF		3
	电解电容器	33μF		3
	电解电容器	47μF		2
	晶体管	NPN 型	2SC1815	2
	晶体管	PNP 型	2SA1015	1
	结型 FET	N 沟道	2SK30ATM	1
	MOSFET	N 沟道	2SK2231	1
	CdS 光敏电阻			2
	直流电机	3W，12V		1
	扬声器	8Ω，0.5W		1
	低频变压器		ST-32	1
	轻触开关			3
	钮子开关	单刀双掷		1
	电池盒	5 号 ×4，6V		1

※ 以上零件可能在没有预告的情况下变更，敬请谅解。

焊接顺序

为了方便和面包板搭配使用，套件中有需要焊接的零件。所需的焊接工具如下。

电烙铁

建议使用 20 ~ 40W 的电烙铁

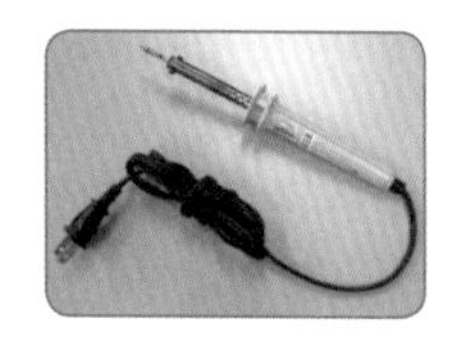

焊锡丝

建议使用 1mm 的焊锡丝

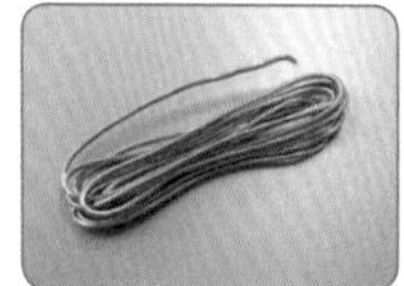

烙铁架

建议使用稳定的烙铁架

尖嘴钳等

用于剪线和剥线

绝缘胶布

用于电池盒的接线部分

焊锡丝里面含有的助焊剂有非常重要的作用，焊接时就会体验到了。

1. 去　垢　助焊剂在烙铁的加热下融化并活性化，通过化学作用去除金属表面的氧化膜和污垢。
如果不去掉金属表面的氧化膜，即使焊上，也会很快脱落。

2. 润　湿　减小焊锡的表面张力，增强焊锡的流动性。
不含助焊剂的焊锡的润湿性不好，会形成锡珠。

3. 防氧化　在焊接过程中，要防止金属表面氧化。
如果表面在润湿之前被氧化，将无法上锡。

初学者通常让焊锡丝直接接触烙铁头，使其加热融化，这并非正确的焊接。
因为，助焊剂在发挥上述 3 个作用前就蒸发了。
焊接时，应该让焊锡丝接触被烙铁头加热的待焊部位。

安全注意事项

- 焊接时应佩戴护目镜等。
- 电烙铁应放置在稳定的烙铁架上。
- 焊锡丝中含有铅和有毒物质，应谨防入口鼻。
  焊接完成后，一定要清洗双手并漱口。
- 保持焊接场所通风。

需要焊接的零件如下。

请事先将套件中的面包线剪成两段，然后焊接到以下零件的端子或引脚上。

注意：焊接动作要快，过度加热会损坏零件端子或引脚。

电池盒

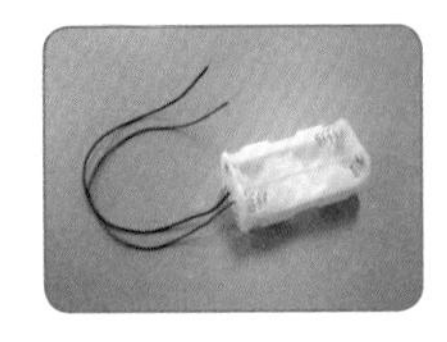

可变电阻器

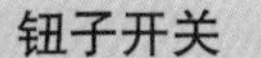

钮子开关

直流电机

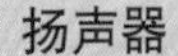

扬声器

先按以下步骤加工导线。

① 将套件中的长面包线从正中间剪成两段。

② 用尖嘴钳剥去切口端的绝缘层，露出约 1cm 的金属线。

③ 用手指将金属线捻紧。

④ 用电烙铁给金属线上锡，准备焊接。上锡时，焊锡丝被夹在电烙铁和金属线之间。注意，焊锡过多会妨碍金属线缠绕在接线端子上。

⑤ 将上锡后的金属线缠绕到各零件的接线端子上。

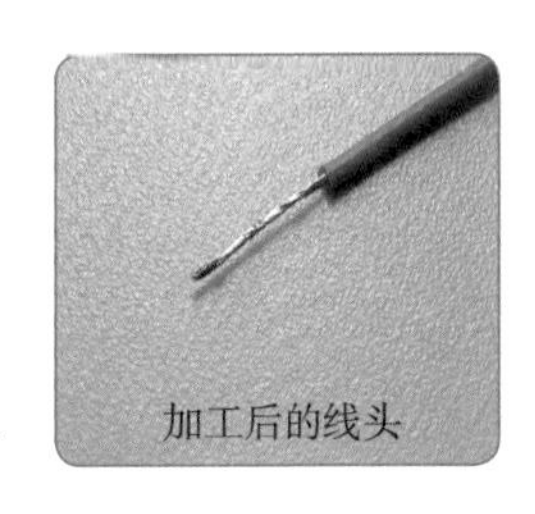

加工后的线头

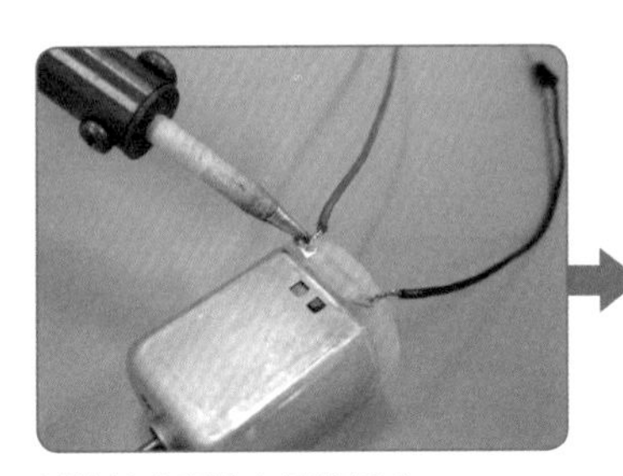

用烙铁头预热金属线部分

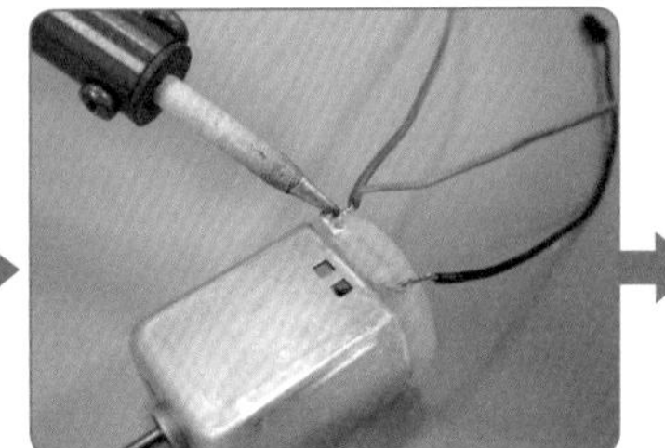

焊锡丝从烙铁头的背面插入，适量熔化

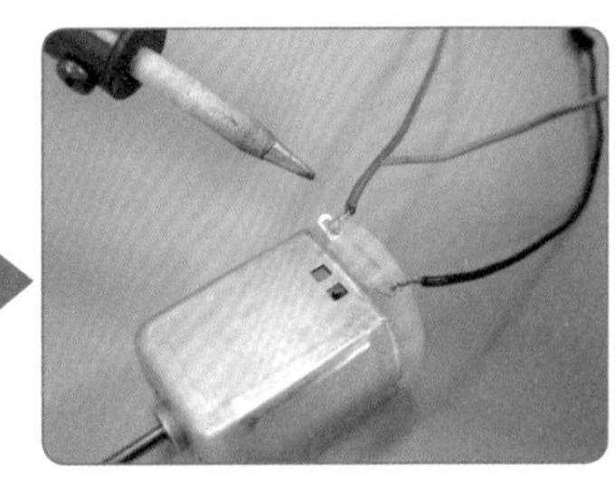

撤离焊锡丝。待焊锡充分浸润后，撤离电烙铁

电池盒

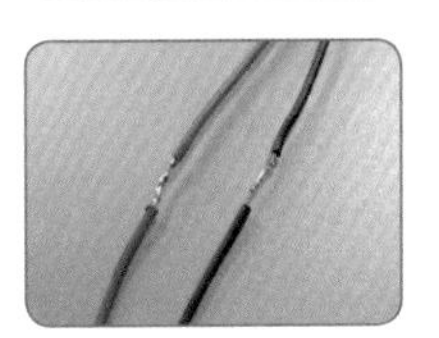

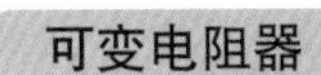

可变电阻器

钮子开关

直流电机

扬声器

以上为焊接完成的样品。将电池盒的接线部分用绝缘胶布缠好（加强）。

STEP 01　点亮 LED

本书中的电路制作，在面包板上进行接线。
面包板是不需要焊接就可以进行电路原型试制的神奇工具。

记一记

下图为面包板的示意图。
一起用万用表来确认一下面包板的内部连接吧。

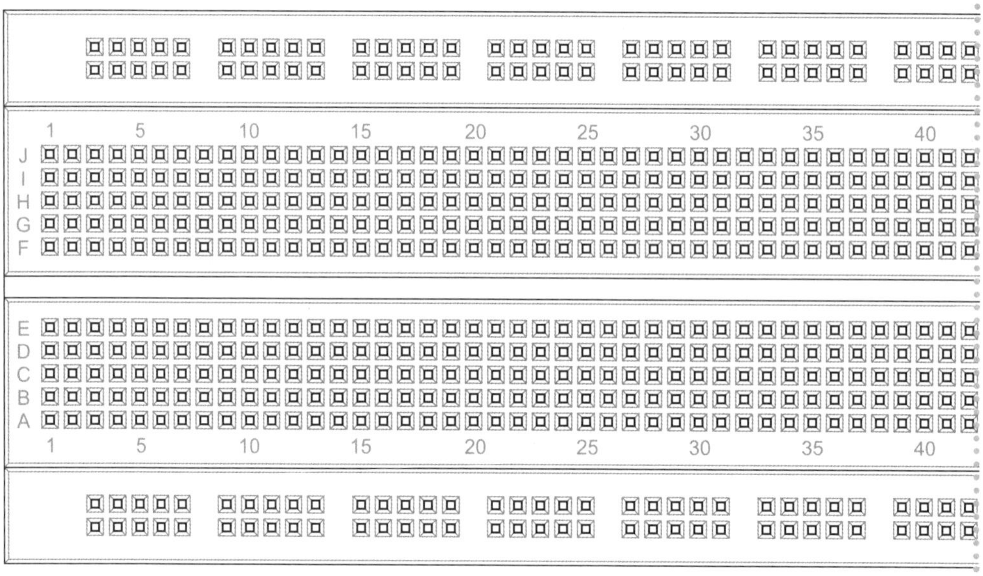

是否明白了面包板的内部连接？
电路要用手和脑去理解。知识的掌握离不开动手实践。

请使用套件中的零部件组装如下电路。顺利的话，可以点亮 LED。

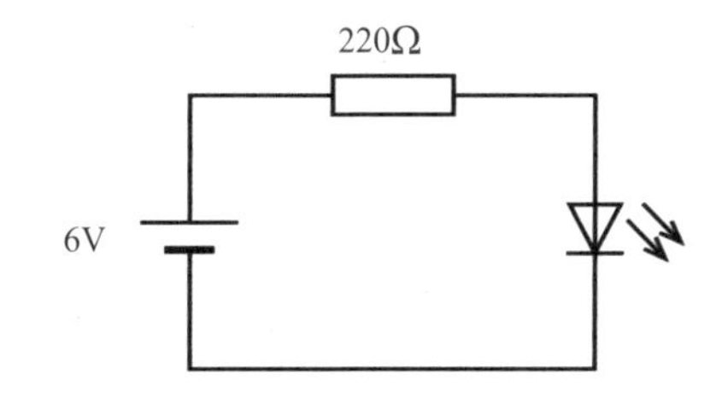

该电路中使用的电路符号的含义如下。

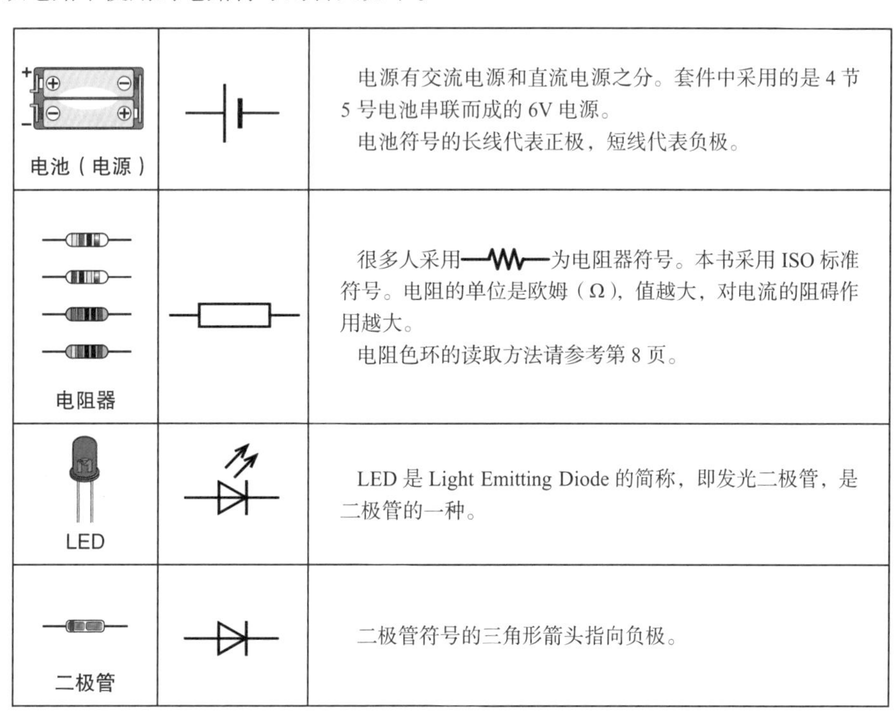

部件	符号	说明
电池（电源）		电源有交流电源和直流电源之分。套件中采用的是 4 节 5 号电池串联而成的 6V 电源。 电池符号的长线代表正极，短线代表负极。
电阻器		很多人采用—𝖶𝖶—为电阻器符号。本书采用 ISO 标准符号。电阻的单位是欧姆（Ω），值越大，对电流的阻碍作用越大。 电阻色环的读取方法请参考第 8 页。
LED		LED 是 Light Emitting Diode 的简称，即发光二极管，是二极管的一种。
二极管		二极管符号的三角形箭头指向负极。

STEP 01

点亮 LED

套件中面包板的内部连接状态如下图。

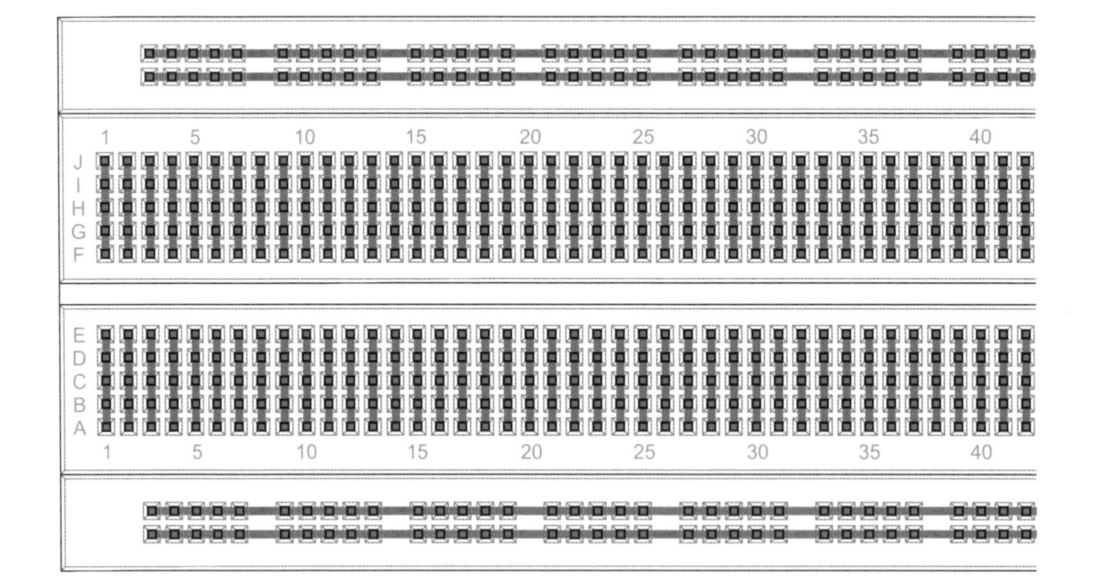

市面上有各种类型的面包板，使用方法大体相同。套件中面包板的 A–E 孔是连通的。根据面包板上标记的行列数字，就可以定位孔的位置。

下面是前述“做一做”中 LED 电路的接线示例。正确答案不止一种，多动手做做。

解 答

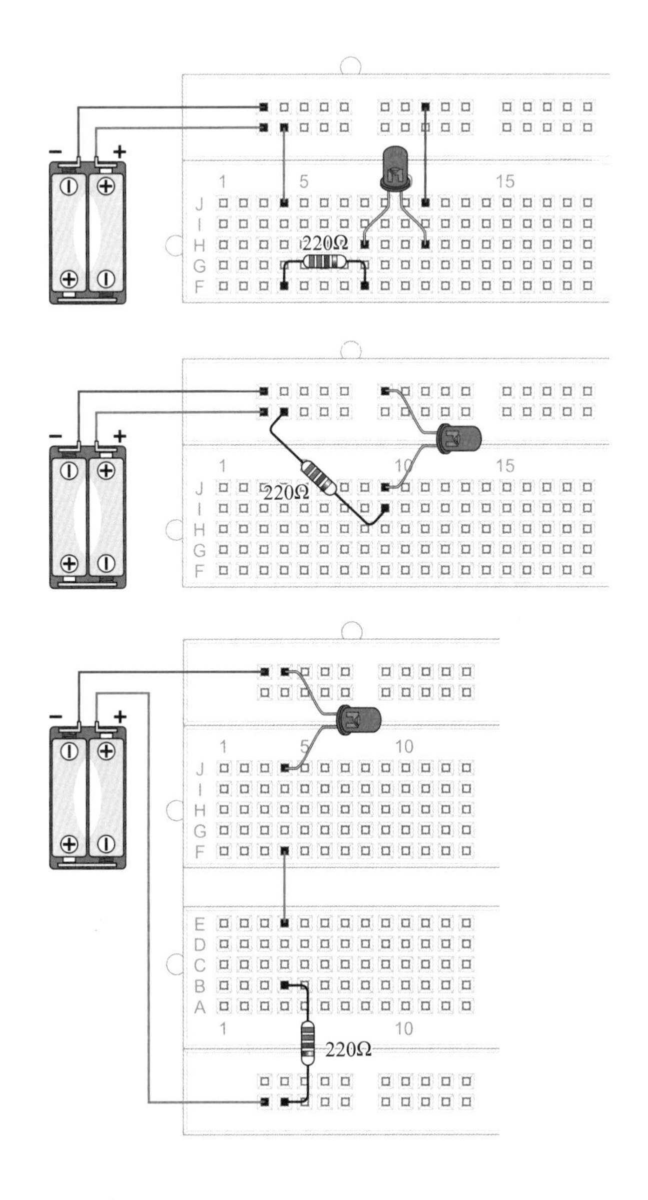

是否有人按照上述接线方式组装电路后仍不能点亮 LED？
之后又进行了怎样的努力才点亮的?

这其中隐藏着二极管的大秘密!

STEP 02 反接LED

使用STEP 01制作的电路，能点亮LED。
在此状态下拔掉LED，反插引脚，LED又会处于何种状态？
这说明了什么？对应的电路图如下。

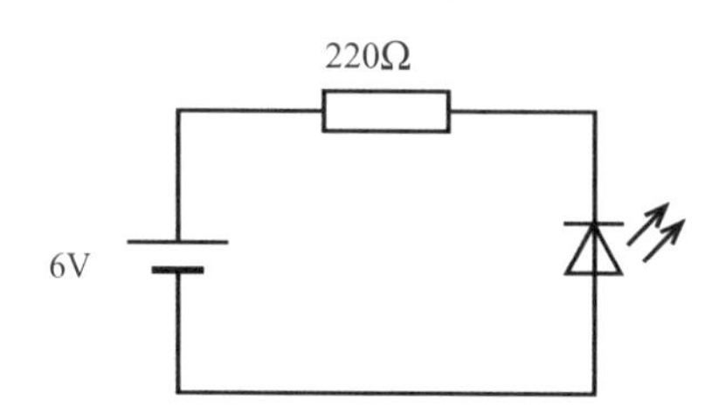

电阻器的种类和用途

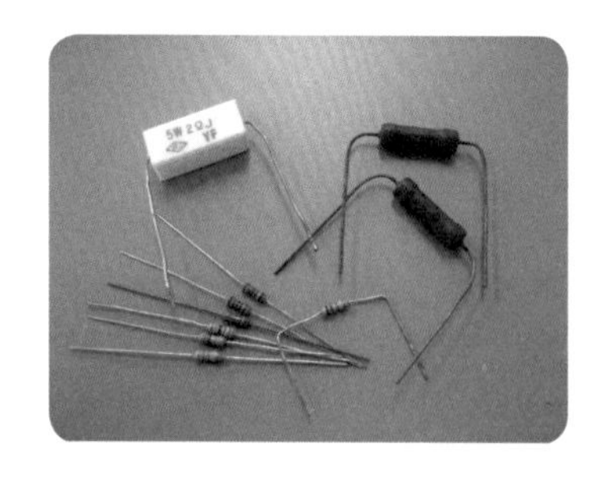

电阻器简称电阻，用于调节电路中的电流大小。

电阻器可分为碳膜电阻器和金属膜电阻器两种。
套件中使用的是碳膜电阻器。
严格来说，电阻器有阻值、阻值误差、额定功率、温度变化率等特性值。
普通碳膜电阻器的表示（例）：47Ω，1/8W。

电阻色环的读取方法

电阻色环有4环和5环两种。

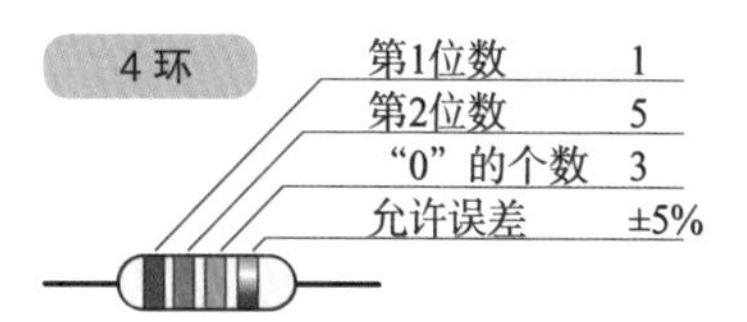

数字的含义：
阻值 15 000Ω=15kΩ
允许误差 ±5%

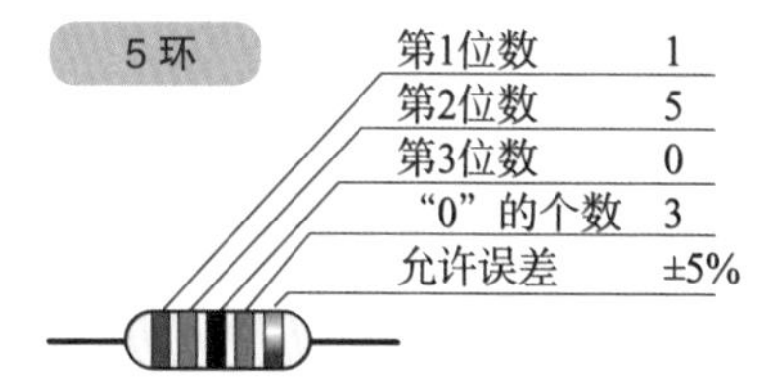

数字的含义：
阻值 15 000Ω=15kΩ
允许误差 ±5%

颜色	第1环	第2环	第3环	第4环
	第1位数	第2位数	0的个数	允许误差
黑		0	0	
棕	1	1	1	±1%
红	2	2	2	±2%
橙	3	3	3	
黄	4	4	4	
绿	5	5	5	±0.5%
蓝	6	6	6	±0.25%
紫	7	7	7	±0.1%
灰	8	8	8	
白	9	9	9	
金				±5%
银				±10%
无				±20%

如果反接 LED，LED 就会熄灭。

STEP 01 中的电路是正确的，但是仍然有人无法点亮 LED。

这是因为 LED 是有方向的。

二极管有阳极（A）和阴极（K）两个引脚。

二极管中的电流只能从阳极流向阴极，无法反向流通。实际中，为了区分阴极和阳极，一般会对二极管进行标识。

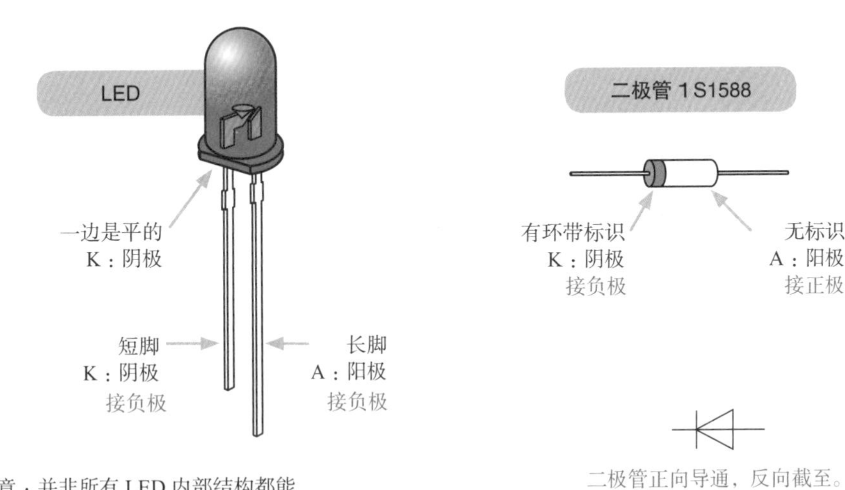

注意：并非所有 LED 内部结构都能如此容易地区分阳极和阴极。

二极管正向导通，反向截至。请记住电路符号

二极管的种类和用途

二极管可以将交流转换为直流，用于整流和收音机中的检波等。

二极管有很多种类，根据用途可分为稳压二极管、变容二极管、发光二极管等。

发光二极管简称为 LED。正向通电后发光。LED 有红色、绿色、黄色、白色，以及涉及专利诉讼的蓝色，广泛用于光触媒和交通信号灯。

STEP 03　试用可变电阻器（VR）

做一做

使用套件中的零件，试着制作以下电路。
试着调节电阻器，会发生什么？

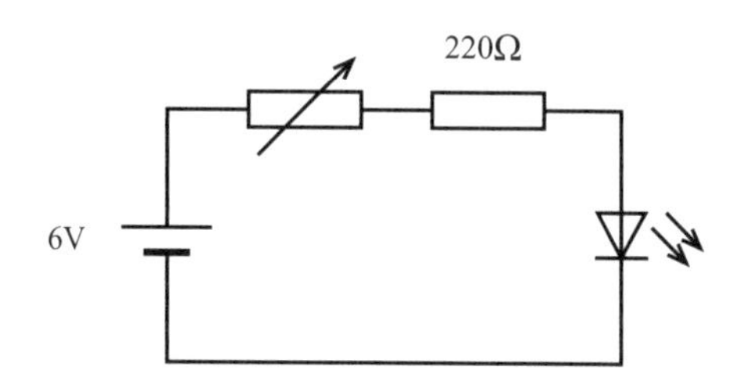

可变电阻器的电路符号如下。

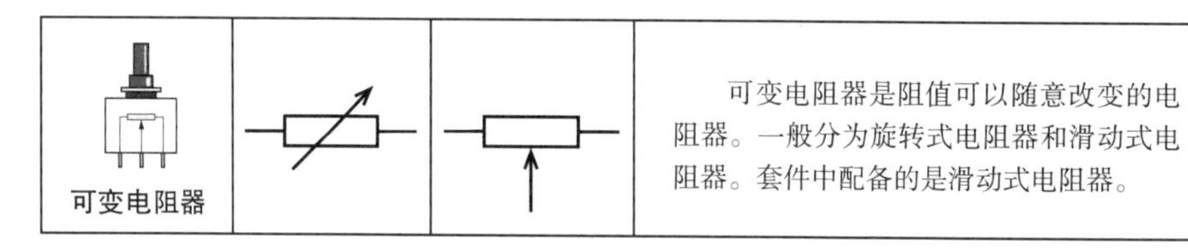

可变电阻器			可变电阻器是阻值可以随意改变的电阻器。一般分为旋转式电阻器和滑动式电阻器。套件中配备的是滑动式电阻器。

可变电阻器的结构

将滑动式电阻器拆解后如下。

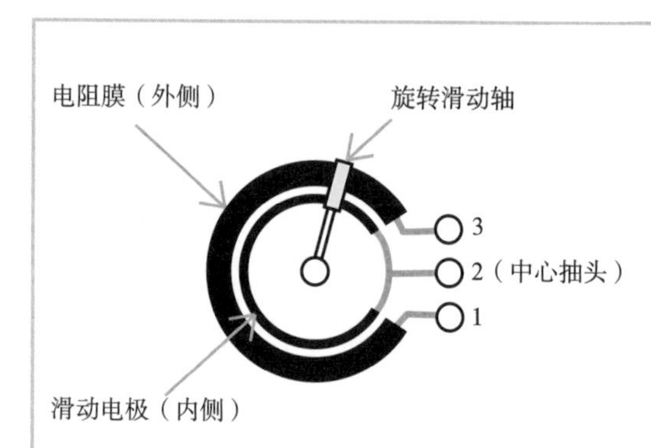

这是原理说明图。滑动旋转轴的角度决定了 1–2 和 2–3 的阻值。

改变可变电阻器的阻值，LED 的亮度将发生变化。如果未出现上述现象，建议重新制作一次。不要一心想着下一步，要确实理解后才能进行下一步。

制作失败的读者，可以参考下面的示例。

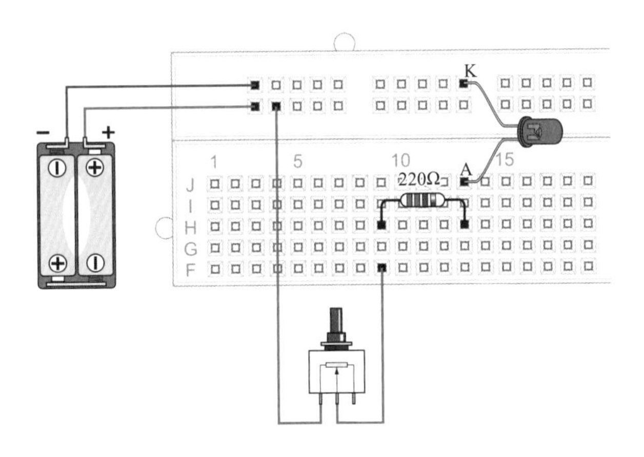

是否明白了 LED 的亮度发生变化的原因？

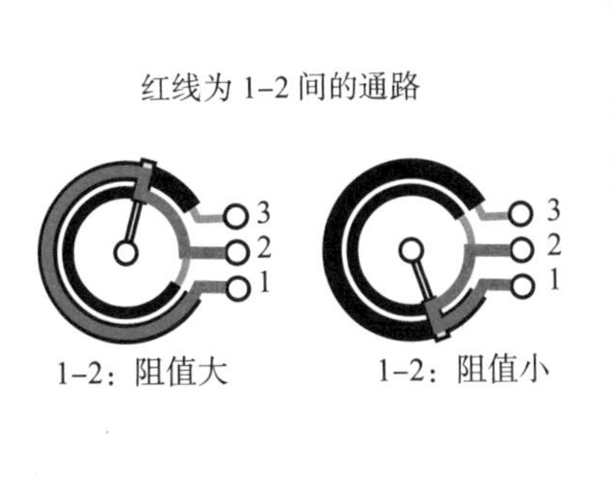

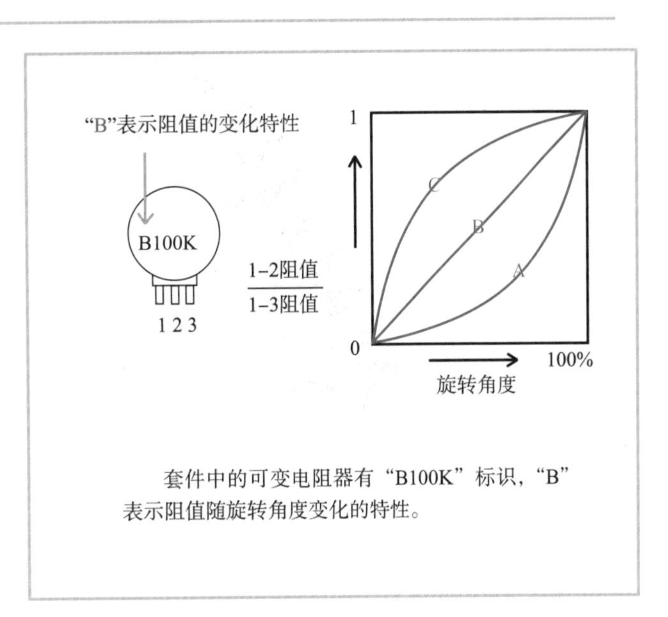

套件中的可变电阻器有“B100K”标识，“B”表示阻值随旋转角度变化的特性。

STEP 04 电路三要素与欧姆定律

为了理解 STEP 03 中的现象，我们先要理解电路三要素。

有许多借水流现象说明电路三要素——电压、电池和电阻的例子。大家对水的流动有很深的印象，但是即便借水流量来对应说明电流，大家也很难一下子理解流量的概念。因此，考虑使用输送弹珠的装置来模拟电路。

接下来，按顺序讲解该装置的工作原理。弹珠从上面的箱子通过管道落下。落下的弹珠又通左侧的传送带输送到上面的箱子中。传送带相当于电池的直流电源。上面的箱子和下面的箱子的落差越大，弹珠越容易落下。落差相当于电压，一定时间内落下的弹珠数量相当于电流。管道的直径越小，落下的弹珠数量越少。也就是说，管道的直径相当于电阻。为了驱动电机或者点亮灯泡，电路中必须流过电流。大家可以想象一下，在管道下面安装了一个水车（输送弹珠）。仔细观察该装置，以便好好掌握电压、电流和电阻的概念。

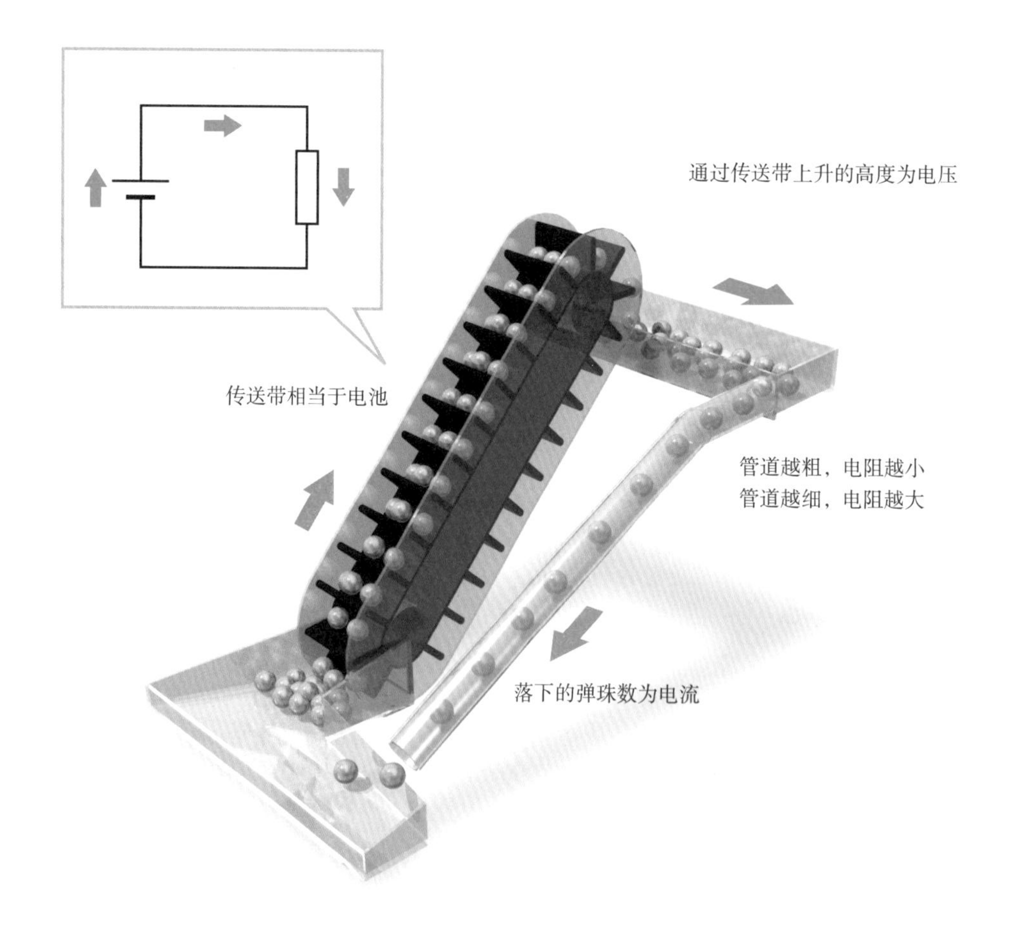

电压、电流、电阻的关系，就是欧姆定律。即便是如此有名的定律，在乔治•西蒙•欧姆发表后，也没有很快得到认可。欧姆定律的内容是，施加 1V（伏特）电压，当电流为 1A（安培）时，电阻为 1Ω（欧姆）。电压 V（V），电流 I（A）和电阻 R（Ω）的关系为 $V = R \times I$。

乔治・西蒙・欧姆
（1789 ~ 1854）

如果已知三要素中的任意两个要素，就可以计算出第三个要素。为了避免大家忘记该公式，下面列举火车模型的例子。

牢记欧姆定律的诀窍

虽然不太像，但是大家可以试着将左侧的漫画想象成火车。

屋顶上立着受电弓，R 窗口中站着司机。忘记欧姆定律时可以试着画一下此漫画。将 R、V 和 I 填进漫画中，隐藏待求解的符号，就得出计算公式。例如，将 V 隐藏，R 和 I 横着并列在一起，就是 $V = R \times I$；隐藏 R，就是 $R = V / I$。

作为 STEP 03 的答案，根据欧姆定律，电阻的变化会导致电路中的电流变化，因此 LED 的亮度发生了变化。

大多数人认为自己非常熟悉欧姆定律，但是很多人都没有实际确认过。电压、电流和电阻的关系，并不是仅仅作为知识记住，而是要实际动手确认，以确实掌握该定律。

那么，我们在下一步中进行确认。

STEP 05 电压的测量

做一做

试着用万用表测量一下电路中①～④处的电压。
试着将可变电阻器的阻值设为0Ω和100kΩ,测量值将如何变化?

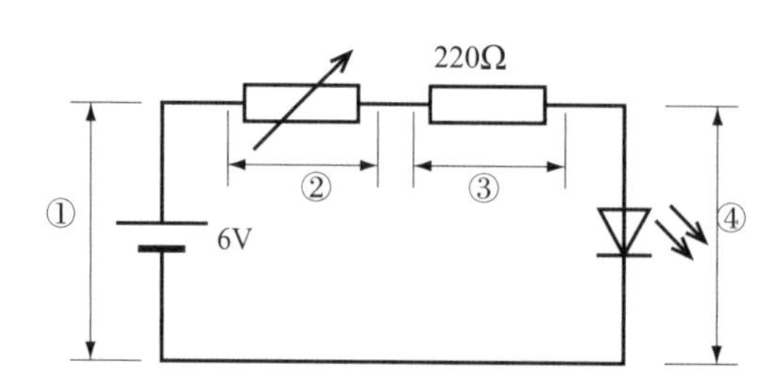

记一记

请记录不同阻值时的电压测量值。

	①	②	③	④
可变电阻器为0Ω时	V	V	V	V
可变电阻器为100kΩ时	V	V	V	V

使用万用表测量电压的方法

1

将转换开关设置为DCV 10V。因为预先知道4节5号电池的端电压为6V，所以选择10V的量程。在事先不知道电压的情况下，可以从最大量程开始逐级切换成小量程。电流测量也可以采用同样的方式。

2

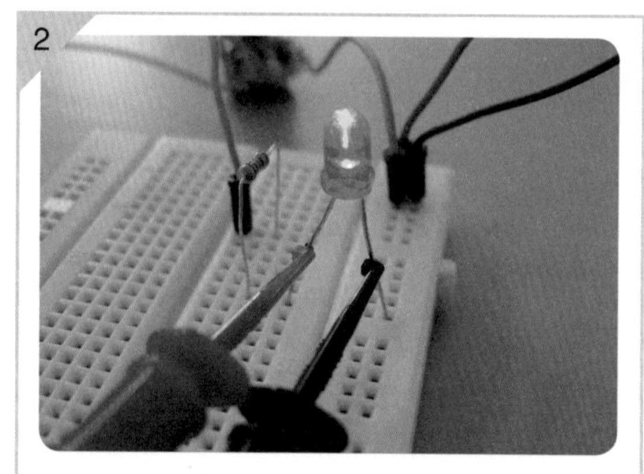

使用万用表的表针连接两个待测点，测量电压。

此时是直流，如果将正极和负极反接，万用表的表针会反摆。所以，请正确接线。

①～④处的电压测量结果如下。
并非要和下面的答案完全相同，出现答案不一致的地方请再次测量。

	①	②	③	④
可变电阻器为 0Ω 时	6V	0.025V	4.05V	1.9V
可变电阻器为 100kΩ 时	6V	4.3V	0.01V	1.6V

电压可以用高度来表示，电路中的电压降可以用下图表示。

可变电阻器为 0Ω 时

0.025V
6V
4V
1.9V

可变电阻器为 100kΩ 时

6V
4.3V
0.01V
1.6V

3

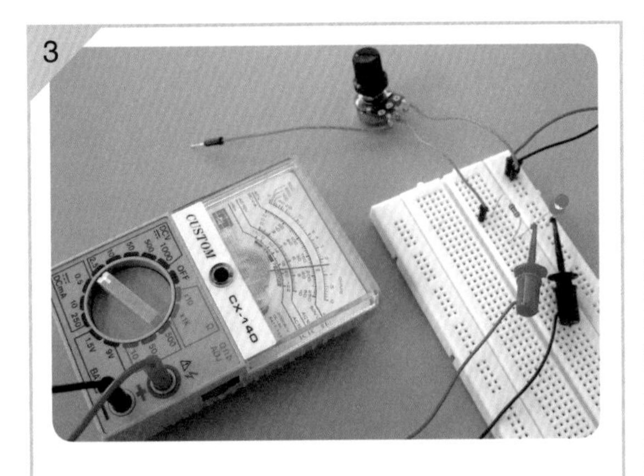

红表笔接高电压，黑表笔接低电压。
只需轻轻接触即可。

4

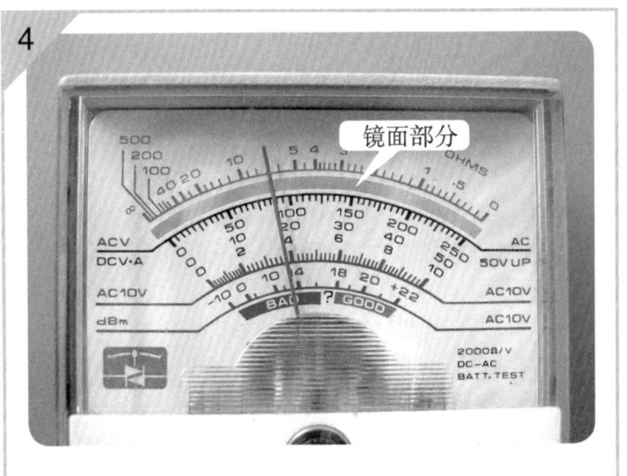

使用模拟万用表时，要从表盘的正上方读数，否则无法正确读取。表盘的一部分是镜面，只有表针和其镜像重合时，才能正确读数。请实际测量一下直流电压。

直流电压测量原理

用万用表测量电压的等效电路

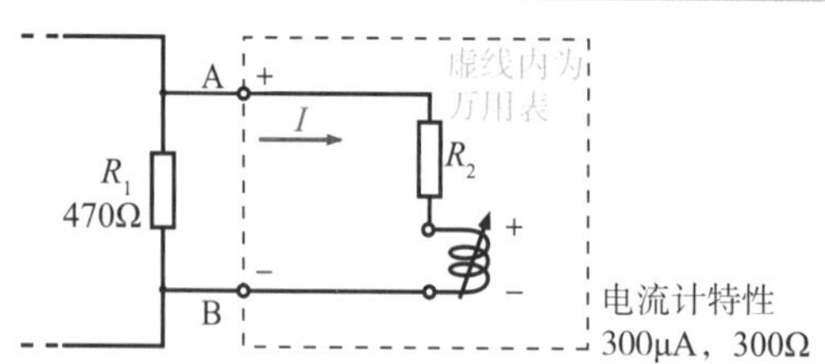

假设 A–B 之间大约有 2.3V 的电压差。我们试着测量一下该电压。因为想让表盘中的表针摆幅尽可能地大，所以试着用 2.5V 的量程进行电压测量，看看效果如何？

在 A–B 之间施加 2.5V 电压时，表针摆幅最大。此时，电流 I 的特性值为 0.0003A。根据 $R=E/I$ 可以推导出 R_2+300Ω=2.5V/0.0003A，进而可以计算出 R_2 的值为 8033Ω。

也就是说，测量时万用表中串联着大约 8kΩ 的电阻。A–B 之间的电压为 2.3V 时，根据 $I=E/R$ 可知，万用表中流经的电流 I = 2.3V/8333Ω=0.000276A=276μA。因此，2.5 × 276/300=2.3（V）。

右图为测量左侧 470Ω 电阻器两端的电压的万用表内部等效电路。电流计和电阻器 R_2 串联。为了尽可能精确地测量，应使表针摆幅尽可能地大。假设使用的量程为 2.5V，在 A–B 之间施加 2.5V 电压，要使流过电流计的电流为 300μA，设置 R_2 的阻值即可。对 R_2 和 300Ω 电流计电阻的串联电路施加 2.5V 电压，电流计中就会流过 300μA 电流。根据欧姆定律，R_2 为 8333Ω。如此一来，A–B 之间的电压为 2.3V 时，流过电流计的电流为 276μA。施加满量程电压时为 300μA，那么测量电压可以经过简单的计算得出：2.5 × 276/300=2.3（V）。

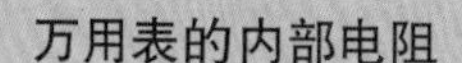

万用表的内部电阻

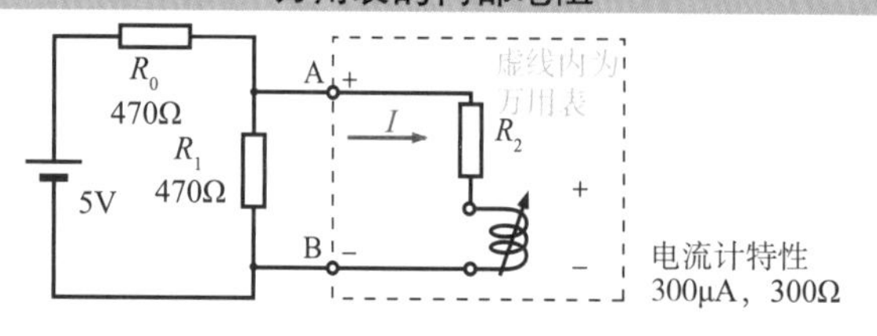

考察一下使用万用表测量直流电压时万用表的影响。如果不使用万用表，因为测量点 A 处于串联的两个 470Ω 电阻器的正中间，A–B 之间的电压为 2.5V。但是连接万用表后，就会有额外的电流在 R_0 上产生压降，A–B 之间的电压会低于 2.5V。设 R_2 和万用表串联电阻 8300Ω，与 470Ω 电阻器 R_1 并联后的阻值为 R_G，则下式成立：

$1/R_G$=1/470+1/8300（并联后的等效电阻）

因此，R_G=445Ω。

A–B 之间的电压：

V=5 × 445/（470+445）=2.43（V）

比理论值小 0.07V。

如此，并联的测量仪的内部电阻越大，对被测电路的影响越小。测量直流电压时，AA 级万用表的电路常数达 20kΩ/V。这时，假如测量量程为 10V，可以计算出其内部电阻为 20 × 10=200（kΩ）。

但是，有一个问题：万用表接入电路后会影响被测电路，导致测量显示的电压值和实际的电压值存在差异。左图被测电路中的 R_1 两端施加的电压为电源电压的一半——2.5V。但是，由于接入了万用表，表盘显示的测量值为 2.43V。如果 R_0 和 R_1 分别为 4.7kΩ，万用表的影响会更大，显示的电压值将为 1.94V。根据 JIS 标准，B 级万用表的电路常数为 2kΩ/V，AA 级万用表的电路常数为 20kΩ/V。

实际的内部电阻 = 电路常数 × 施加的量程电压

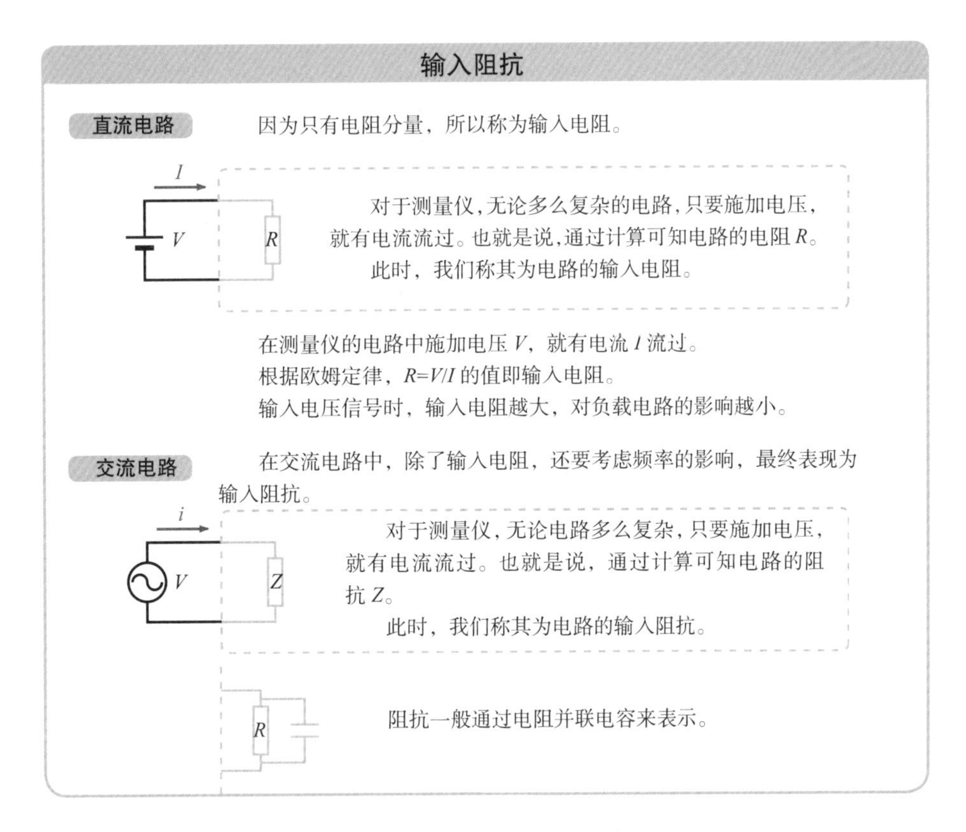

下面讲解一下输入电阻和输入阻抗的概念。

阻抗不仅仅存在于万用表和示波器中，在音频产品的说明书中也常常提及。但是，即使翻阅专业的书籍，也很难找到言简意赅的定义。

上图中的 Z，在直流电路中称为输入电阻，在交流电路中称为输入阻抗。在交流电路中，电容和电感等也会阻碍电流流过。这些成分统称为阻抗。

先说直流电路的输入电阻。图的左边虽然画的是电池，但并非一定需要电池，也可以是某种电压信号输入。如此一来，电路中就会产生有限的电流。施加的电压除以流过的电流，即得到输入电阻。如果右侧的模块为万用表，那么其内部电阻相当于输入电阻。

交流电路中的情况相似。因为还未讲解交流电路，暂时按直流输入电阻理解交流输入阻抗。

STEP 06 电流的测量

做一做

试着用万用表测量电路中①～④处的电流。
试着将可变电阻器的阻值设为 0Ω 和 100kΩ，测量值会如何变化？

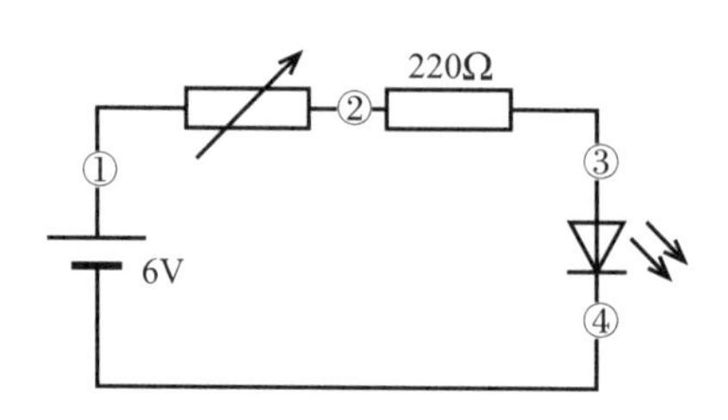

记一记

请记录不同阻值时的电流测量值。

	①	②	③	④
可变电阻器为 0Ω 时	A	A	A	A
可变电阻器为 100kΩ 时	A	A	A	A

使用万用表测量电流的方法

1

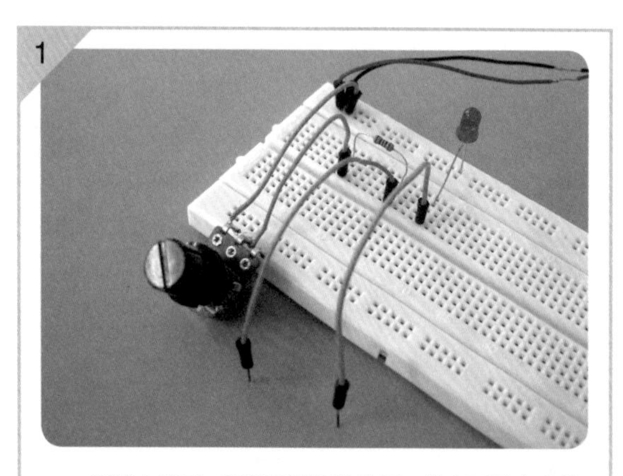

测量电流时，要断开测量的位置，接入万用表表笔。焊接电路的电流测量比较麻烦，但是在面包板上，只需要简单接线。

2

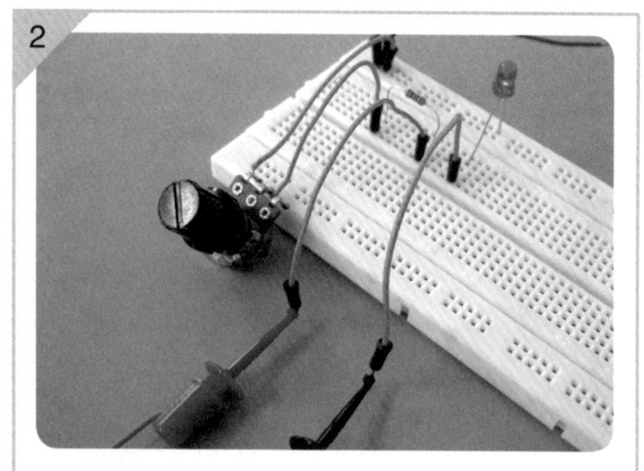

标有“+”号的端子接万用表的红表笔，标有“–”号（负极）或者“COM”的端子接万用表的黑表笔。将量程开关拨至 DC 250mA 挡。

①~④处的电流测量结果如下。
并非要和下面的答案完全相同，如果出现答案不一致的情况，请再次测量。

	①	②	③	④
可变电阻器为 0Ω 时	18mA	18mA	18mA	18mA
可变电阻器为 100kΩ 时	46μA	46μA	46μA	46μA

由上述结果可知，在没有分支的电路中，无论哪个位置，电流都相同。

下面是单位符号表。

符号	名称	因数
T	太	10^{12}
G	吉	10^{9}
M	兆	10^{6}
k	千	10^{3}

符号	名称	因数
m	毫	10^{-3}
μ	微	10^{-6}
n	纳	10^{-9}
p	皮	10^{-12}

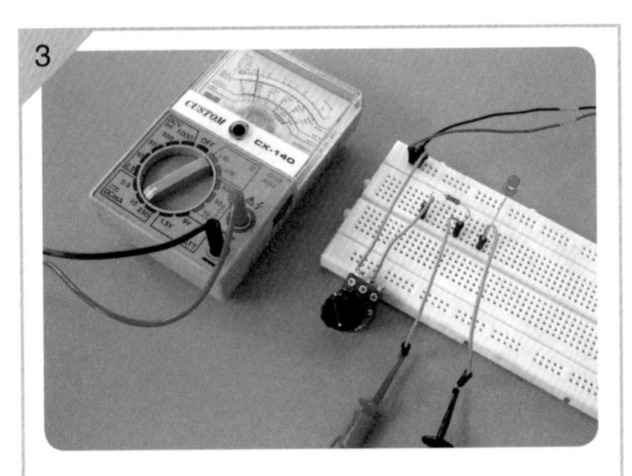

先将量程设至最大，然后逐级减小，使显示值尽可能地接近量程。

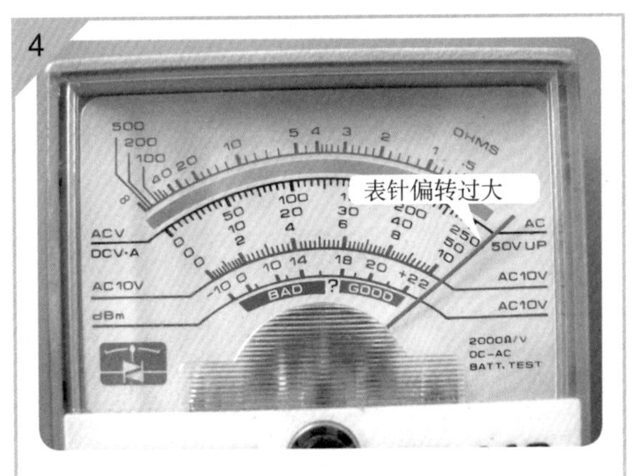

超过 250mA 的电流无法用此方法直接测量，要使用分流器。关于分流器，将在下页说明。

使用万用表测量电流的原理

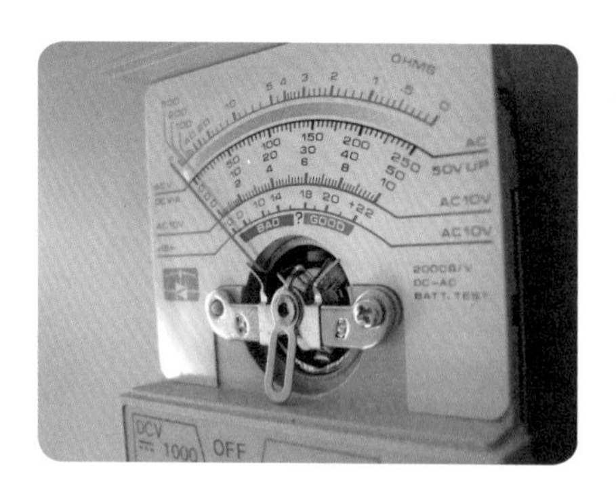

用万用表可以测量电压、电流和电阻，这是如何做到的？明明只有一个电流计。

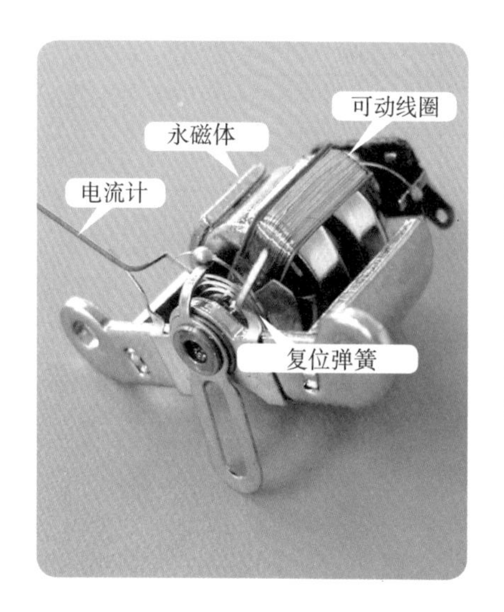

这是从万用表中拆下的电流计部分。万用表的电流计部分就是可动线圈型直流电流计，是永磁体周围绕有可动线圈的结构。电流从“+”接线端子流向“–”接线端子，可动线圈就会产生和电流成比例的磁场，克服复位弹簧的作用力，使表针停在合适的位置，以标识电流的大小。即使电流很小，电流计的表针摆幅也可以很大。如果电流过大，导致表针摆幅过大，超过量程，也可能烧断线圈。另外，为了将机械摩擦减到最小，支撑旋转轴的轴承很关键。根据 JISC102，万用表的测量精度为 ± 1%。

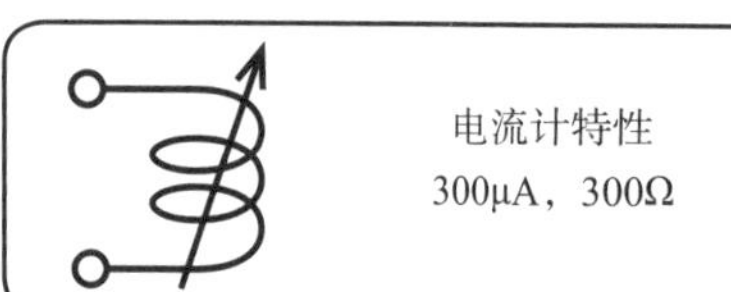

电流计的符号。电流计特性，同时包含最大电流和电阻。

用万用表测量电流的等效电路

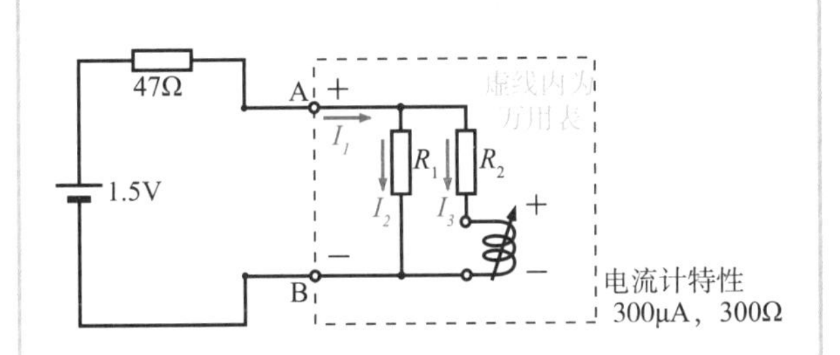

为了测量 50mA 的电流，和电流计并联的分流器 R_1 应设置为多大？

① 根据电流计的特性，I_3 为 300μA。另外，根据万用表的连接，A–B 之间的电压降为 0.09V。

② $I_3+I_2=I_1$。

这里，I_3=0.0003A，I_1=0.05A，因此 I_2=0.0497A。

另外，A–B 之间的电压为 0.09V，根据 $R=E/I$，可计算出 R_1=0.09/0.0491=1.8（Ω）。

万用表的电流计是直流电流计，根据测量电流的不同，要合理设置量程，使表针摆幅便于读数。万用表内部的具体结构是怎样的？现在明白了吗？

左图是用万用表测量电流的原理。首先要注意电流计特性。这里，电阻为 300Ω，流过 300μA（1μA=10^{-6}A）的电流时，表针指向量程最大值。无论测量的电流是大是小，电流计流过接近 300μA 的电流是比较理想的。因此，在电流计上并联了电阻 R_1——起分流器的作用。

顾名思义，分流器的作用是对测量电流的一部分进行分流。另外，万用表是连接到电路中的，有必要将其对被测电路的影响降到最低。分析电路图会发现，万用表也有负载。

由于这部分负载会产生电压降，我们试着将此电压降控制在 0.09V 以下。此时，300Ω 电阻流过了 300μA 电流，电流计指向量程最大值时，电压为 0.09V。鉴于此，测量电流时，万用表通过量程开关切换分流器；测量电压时，切换倍率器电阻。欧姆定律虽然看起来简单，但是利用它会发现很多其他的奥秘。对比教科书中的欧姆定律习题和万用表实际测量值，会发现很多乐趣。

STEP 07 电阻的测量

记一记

根据 STEP 05 和 STEP 06 的测量结果，计算①～④处的电阻。使用欧姆定律。

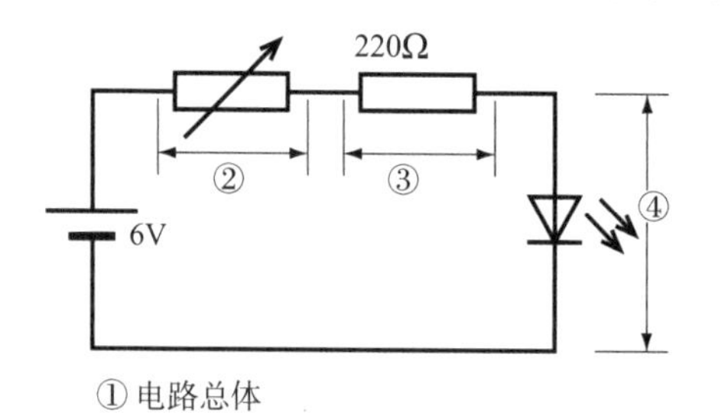

① 电路总体

		① 电路总体	② 可调电阻器	③ 220Ω 电阻器	④ LED
可变电阻器为 0Ω 时	电压 V	V	V	V	V
	电流 I	A	A	A	A
	电阻 R	Ω	Ω	Ω	Ω
可变电阻器为 100kΩ 时	电压 V	V	V	V	V
	电流 I	A	A	A	A
	电阻 R	Ω	Ω	Ω	Ω

用万用表测量电阻的方法

1

进行电阻测量之前，先进行万用表的调零。然后，将万用表的转换开关调到“Ω×1k”挡。

2

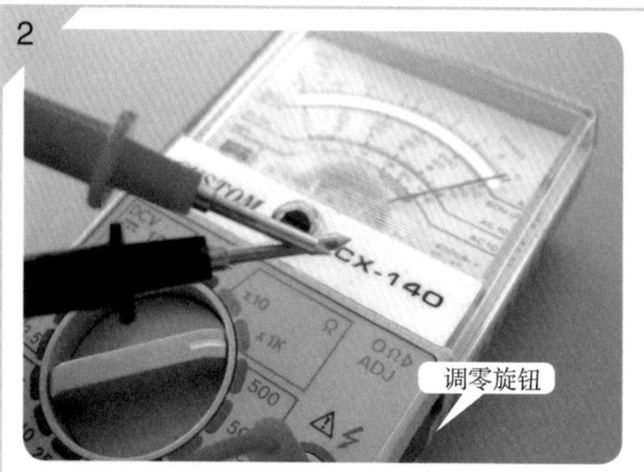

短接万用表的正负表笔，使阻值为零。然后，调整调零旋钮，让指针指向零处。

		① 电路总体	② 可调电阻器	③ 220Ω 电阻器	④ LED
可变电阻器为 0Ω 时	电压 V	6V	0.025V	4.05V	1.9V
	电流 I	18mA	18mA	18mA	18mA
	电阻 R	333Ω	1.39Ω	225Ω	105Ω
可变电阻器为 100kΩ 时	电压 V	6V	4.3V	0.01V	1.6V
	电流 I	46μA	46μA	46μA	46μA
	电阻 R	130kΩ	93.5kΩ	217Ω	34.8kΩ

解 答

根据上表可知：

① 电路总体电阻大致是②、③、④之和；

② 0 ~ 100kΩ 电阻器的阻值最小为 1.39Ω，最大为 93.5kΩ；

③ 220Ω 电阻器的阻值大约为 220Ω；

④ LED 的阻值并非恒定。

LED 和其他二极管一样，具有正向压降并非恒定的特点。

不同厂商、不同颜色的 LED，其正向压降也不相同。

套件中的 LED，施加 6V 电压时，红色 LED 的正向压降为 1.9V，黄色 LED 的正向压降为 1.93V，绿色 LED 的正向压降为 2.14V。

3

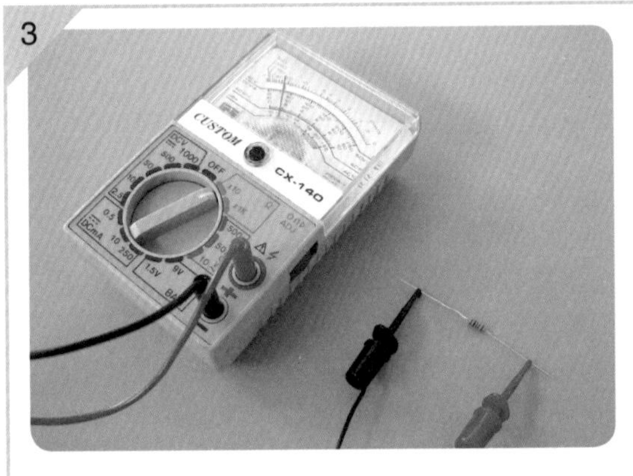

万用表的正负表笔分别接待测元件的两端。

4

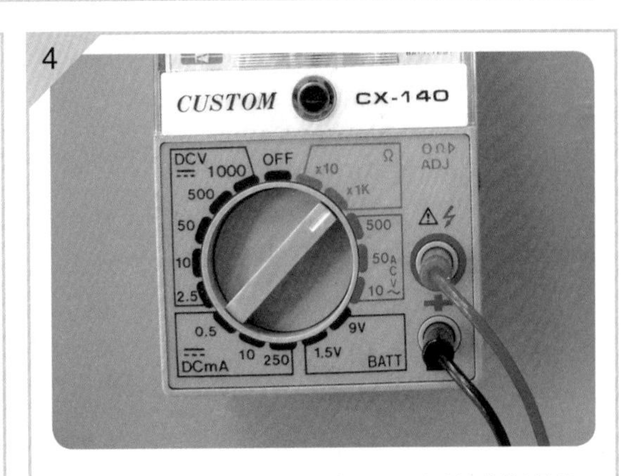

虽然只有一个电阻挡，但是可以切换不同的量程：使用“×1”挡测量时，直接读取阻值；使用“×10”挡测量时，读取的阻值乘 10 倍；使用“×100”挡测量时，读取的阻值乘 100 倍。

STEP 07 电阻的测量

用万用表测量电阻的原理

用万用表测量电阻时的等效电路

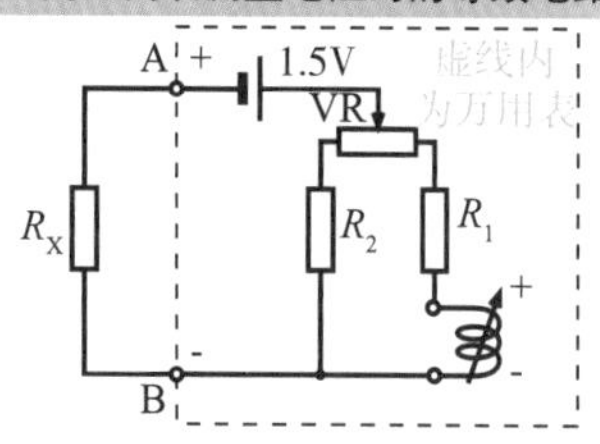

电路中有倍率器 R_1 和分流器 R_2。电阻测量步骤如下：

①利用内部电池进行测量；

②在 A–B 之间短路的状态下进行调零，使指针指向最大量程；

③连接电阻器，读取万用表指针显示的阻值。

下图是更加简化的说明（电流计特性：300μA，300Ω）。

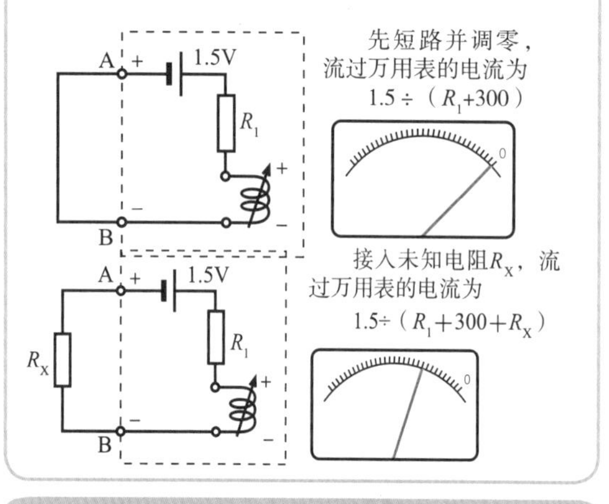

用万用表进行电阻测量时，虽然使用的也是万用表内部的电流计，但是还利用了万用表内部的电池。

测量电阻时，要使用万用表内部电池向待测电阻供电。因此，要针对电池损耗进行补偿。先将测量表笔短路，进行调零，然后接入待测电阻。短接表笔时和接入电阻时的电流必然不同，后者是前者的（R_1 + 300）/（R_1 + 300 + R_X）倍。据此，对照 R_X 的值和指针位置，即可完成阻值刻度的标定。

进行电阻测量时，指针在什么情况下位于中央？

① 指针指向满量程时的电流值（0Ω 时）为

$1.5 / (R_1 + 300)$

② 指针指向中央位置时的电流值

$1.5 / (R_1 + 300 + R_x)$

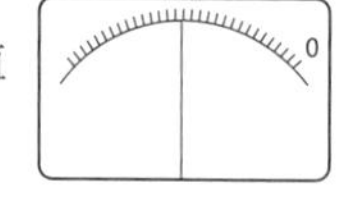

于是，下式成立：

$$\frac{1.5 / (R_1 + 300)}{1.5 / (R_1 + 300 + R_x)} = 2$$

可以求得 $R_x = R_1 + 300$ 。换句话说，测量电阻时，万用表的指针指向中央位置时，可以说被测对象的电阻和万用表内部电阻相等。

进行电阻测量，量程不同时，越接近 0Ω 时，流经的电流越大，电池在测量过程中的损耗大。另一方面，大阻值的刻度较粗。因此，进行电阻测量时，选择指针尽可能指向中央的量程测得的阻值较为准确。

进行电阻测量时，阻值为 0 时为满量程，也就是指针满刻度偏转。相反，指针没有任何偏转时，阻值无限大。那么当指针偏转一半时又是什么状态呢？从结果来看，当指针正好位于中央位置时，测量对象的阻值和万用表内部电阻相等。

进行电阻测量时，干电池内部的电阻要保持固定。但是，当指针偏向右边时流过大电流，干电池内部会有压降。另外，当指针偏向左边时，刻度单位会变粗。如此看来，进行电阻测量时，应尽量选择可以让指针指向中央位置处的测量量程。

关于电阻的补充

电阻器及电容器的标称值的利用

系列名	E6 系列	系列名	E12 系列	系列名	E24 系列
公比	$10^{\frac{n}{6}}$	公比	$10^{\frac{n}{6}}$	公比	$10^{\frac{n}{6}}$
允许误差	± 20%	允许误差	± 10%	允许误差	± 5%
1	1	1	1	1	1
				2	1.1
		2	1.2	3	1.2
				4	1.3
2	1.5	3	1.5	5	1.5
				6	1.6
		4	1.8	7	1.8
				8	2
3	2.2	5	2.2	9	2.2
				10	2.4
		6	2.7	11	2.7
				12	3
4	3.3	7	3.3	13	3.3
				14	3.6
		8	3.9	15	3.9
				16	4.3
5	4.7	9	4.7	17	4.7
				18	5.1
		10	5.6	19	5.6
				20	6.2
6	6.8	11	6.8	21	6.8
				22	7.5
		12	8.2	23	8.2
				24	9.1

在设计电路图的时候，并不是计算得到的所有阻值都能在市面上找到对应的电阻器。生产所有阻值的电阻器，对厂商来说是一项巨大的工程。

JIS 标准规定了电阻器和电容器的系列标称值。这些数值呈等比数列。例如，最左边 E6 系列的电阻器有 1Ω、1.5Ω、2.2Ω、3.3Ω、4.7Ω、6.8Ω，接下来应该是 10Ω、15Ω、22Ω、33Ω、47Ω、68Ω。如果计算得到的阻值为 541Ω，可选用 E6 系列中的 470Ω 或 680Ω 电阻器，E24 系列中的 560Ω 电阻器。很多公司建立标准库时都会采用 E24 系列，通常的设计也少不了选用 E24 系列的电阻器。

电阻器的功率计算

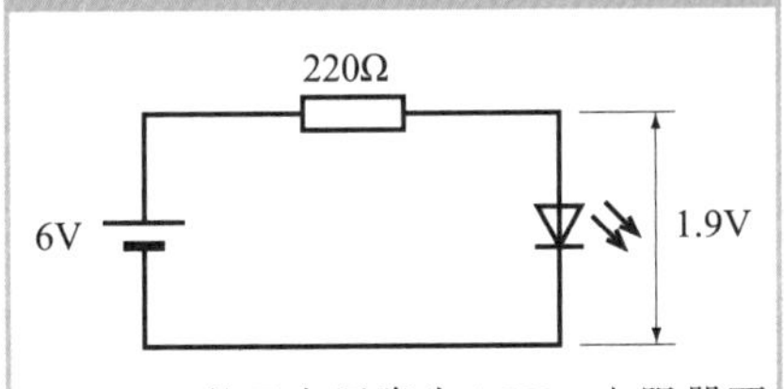

LED 的正向压降为 1.9V，电阻器两端的电压为 4.1V，流经电阻器的电流为 18.6mA。因此，电阻器消耗的功率 P 可以通过电压（E）乘以电流（I）计算得到：19 × 4.1 = 77.9（mW）。据此，应选用 1/8W，220Ω 的电阻器。

前文提到过用色环表示阻值，但是表示的阻值和实际阻值必然存在误差——允许误差。作为基础，要记住固定电阻器分为金属膜电阻器和碳膜电阻器，要了解阻值随温度变化的程度。使用方法和特性可以查阅相关资料，但是必须指定瓦数。在左图所示的电路中，LED 的正向压降为 1.9V，电阻器两端的电压为 4.1V。因此，流经电阻器的电流为 18.6mA。在此，用电压乘以电流，可求得功率。计算结果为 77.9mW（1V × 1A = 1W）。常用的电阻器功率为 1/4W，1/8W 也可以满足要求。

STEP 08 并联电路

在下面的电路中，流经 LED 的电流为多少？试试使用欧姆定律计算。然后，实际制作电路，用万用表测量电流。

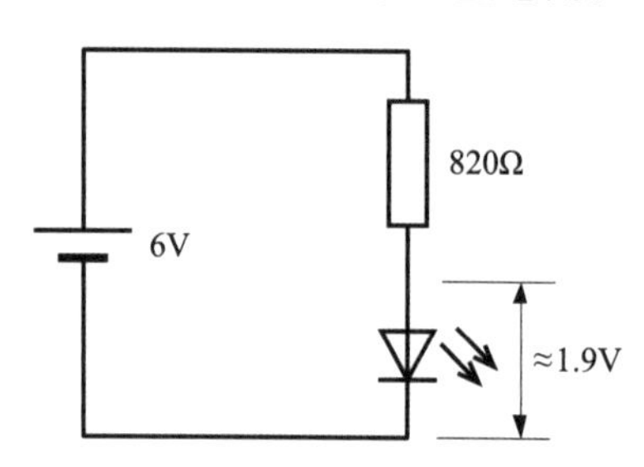

电阻器两端的电压为 6–1.9=4.1V。

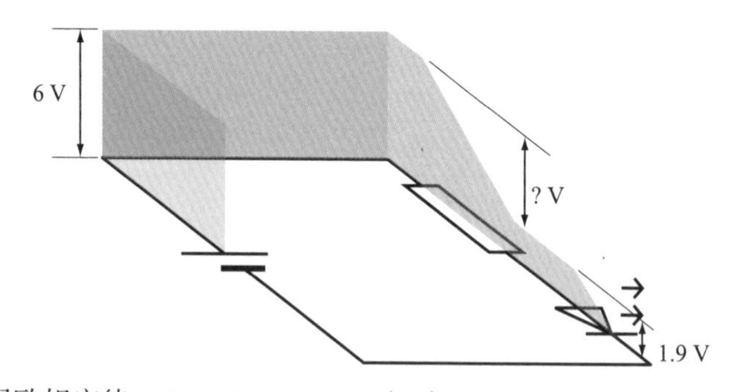

根据欧姆定律：4.1 ÷ 820 ≈ 0.005（A）。
也就是说，流过的电流为 5mA。

将 4 个上图使用的 LED 并联，流经 LED 的电流又是多少？计算一下。然后，实际制作电路，用万用表测量电流。

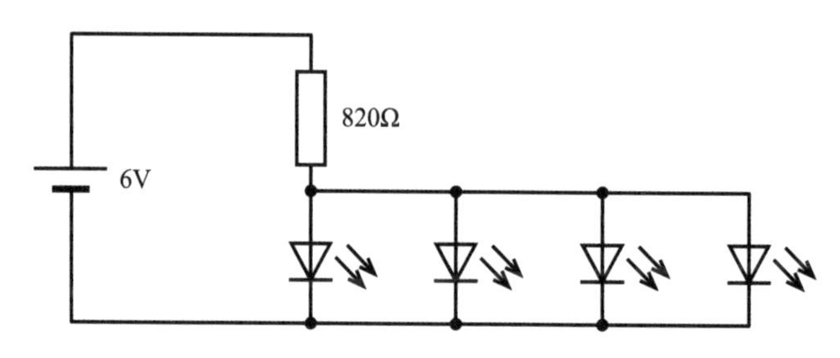

电压降如下，电路的总电流为 5mA，和 1 个 LED 时相同。

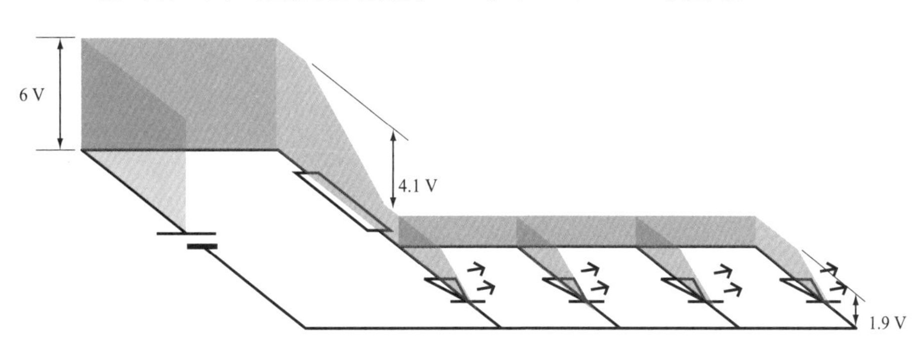

可以将电流想象成流动的珠子，遇到岔路时会分开流动。于是，流经电路的电流可以想象成下面的模型。

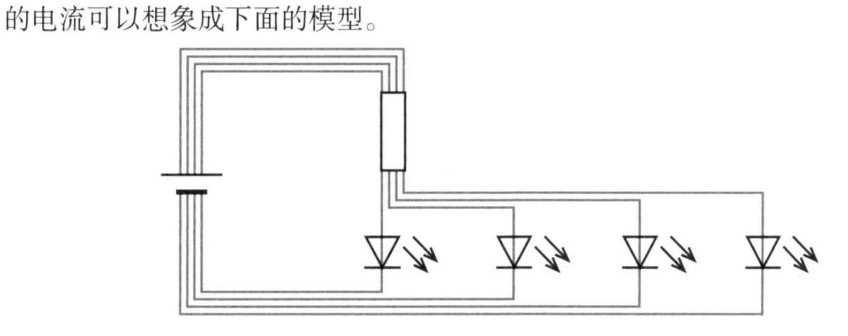

流经电阻器的电流为 5mA 时，流经每个 LED 的电流为其 1/4，即 1.25mA。那么，LED 会变暗吗？实际的实验结果又是怎样的？

在下图中画出需要连接的导线，完成电路制作。要画 3 条线。

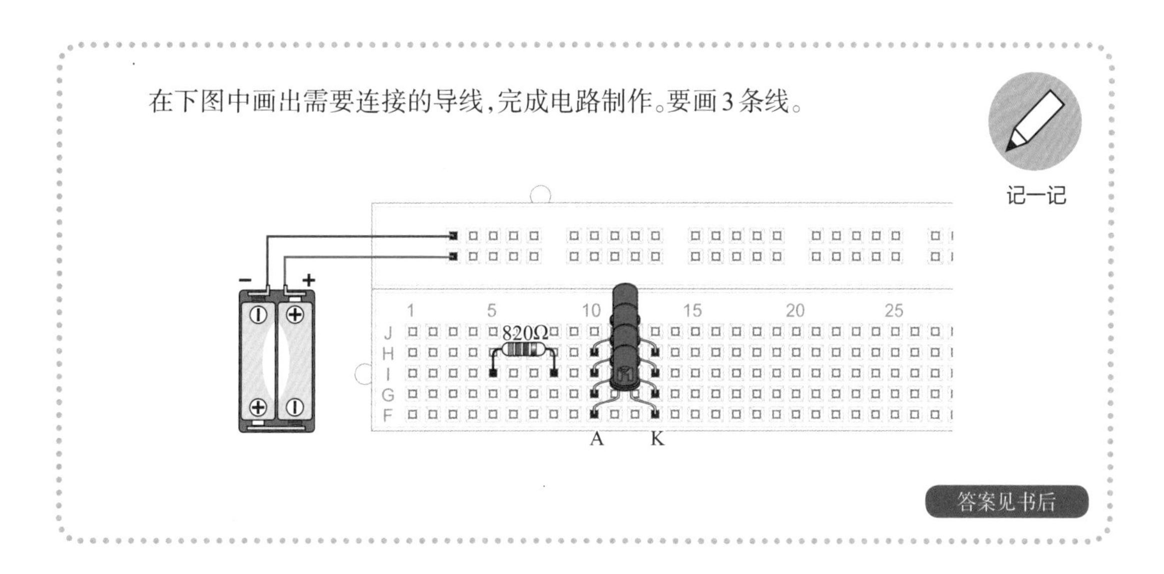

STEP 09　使用二极管的电路：整流电路

记一记

请设计一个无论 6V 电源的正负极如何接线，都能点亮电路中的 LED 的电路。

也就是说，无论干电池怎么插入，电路都能正常工作。

请在下图中添加 LED 符号，完成电路的绘制。

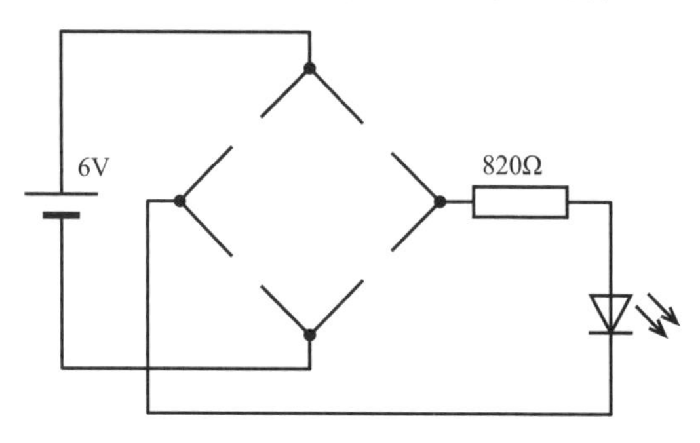

将 LED 用作二极管。二极管只能单向导通，这是关键点。

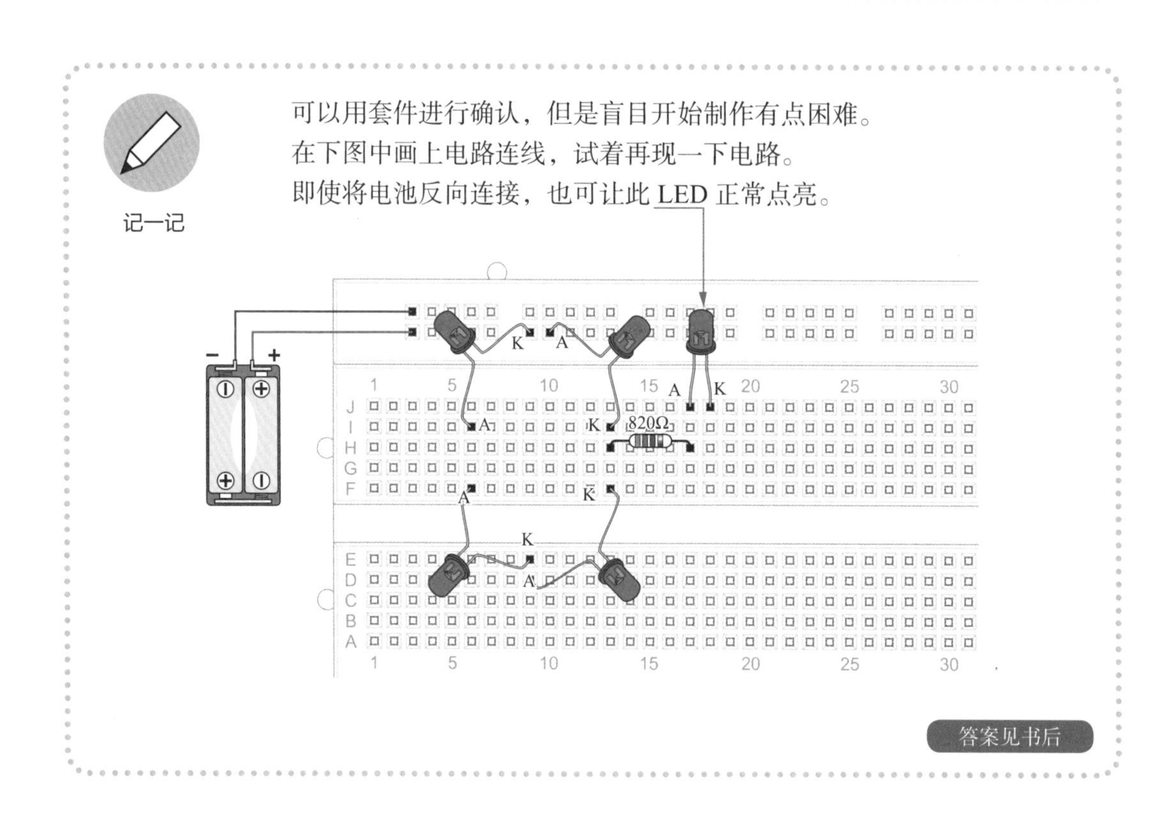

答案见书后

在完成接线图的基础上，试着进行电路制作。可以通过实际接线加深理解，请耐心操作。

完成了吗？下面是正确答案，注意LED的方向。

解 答

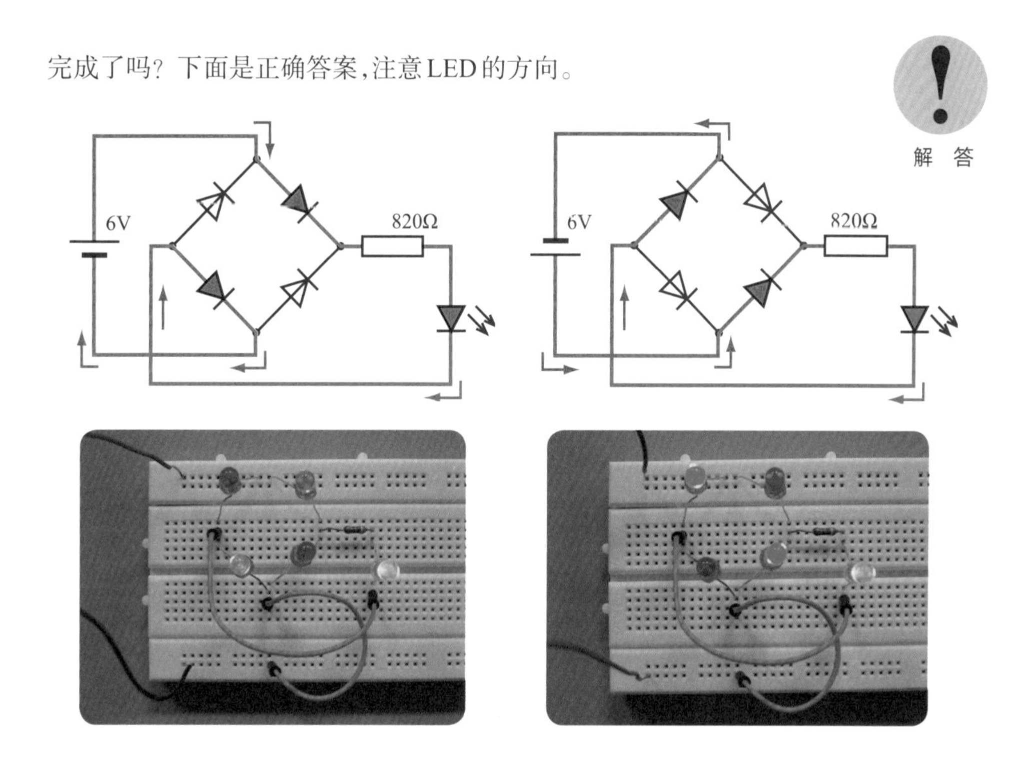

关于整流电路

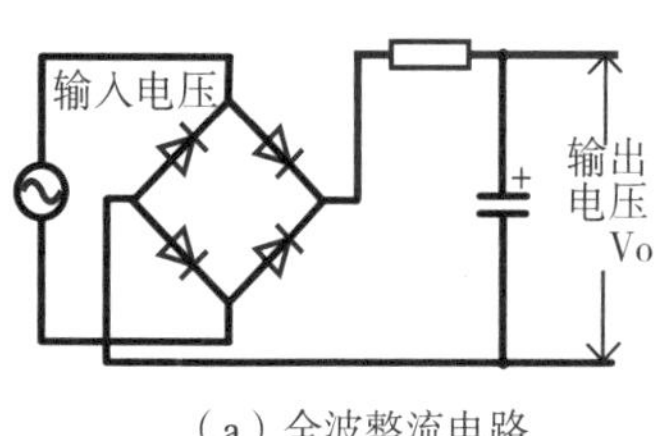

（a）全波整流电路

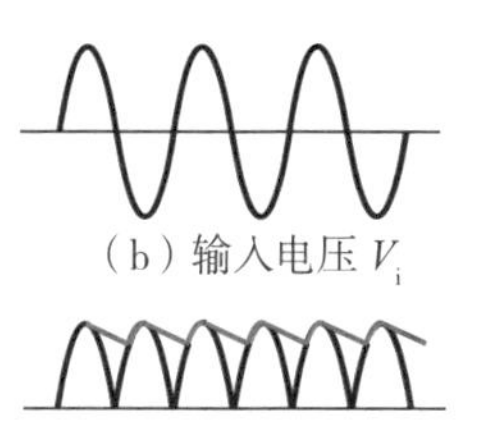

（b）输入电压 V_i

（c）输出电压 V_o

图（a）是将交流电压转换成直流电压的全波整流电路。家用交流电压是图（b）所示的正弦波，在 ±311V 之间周期性变化（频率为 50HZ 或 60HZ）。将二极管接成桥形，让电流朝一个方向流动。在电阻器后面接一个电容器（详见 STEP 14），可得图（b）所示的输出电压波形。

市面上有用 4 个二极管组成的模块——整流桥。

STEP 10　使用二极管的电路：逻辑电路

在回答下面的两个简单电路中的电压时，意外的是大部分学生没有回答正确。

学习数字电路和 PIC 等微控制器时，如果不能理解逻辑电路和高电平、低电平，是无法进步的。

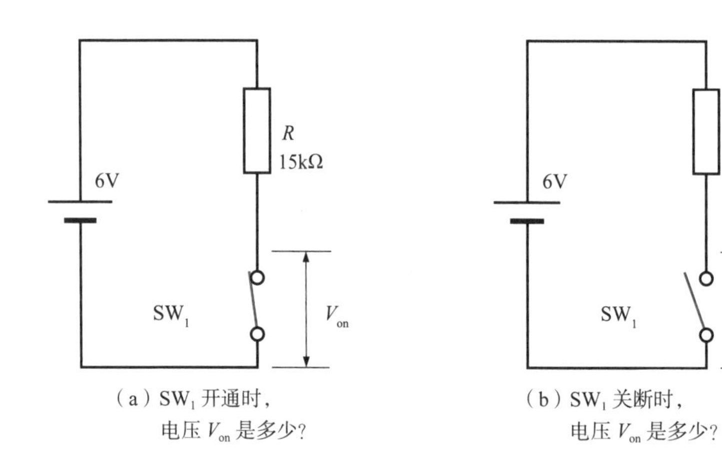

（a）SW_1 开通时，电压 V_{on} 是多少？

（b）SW_1 关断时，电压 V_{on} 是多少？

不理解的同学可以进行如下试验。按图制作电路，用万用表测量电压。

两条绿线代表开关。先将这两条线断开，然后接上，分别测量电压。

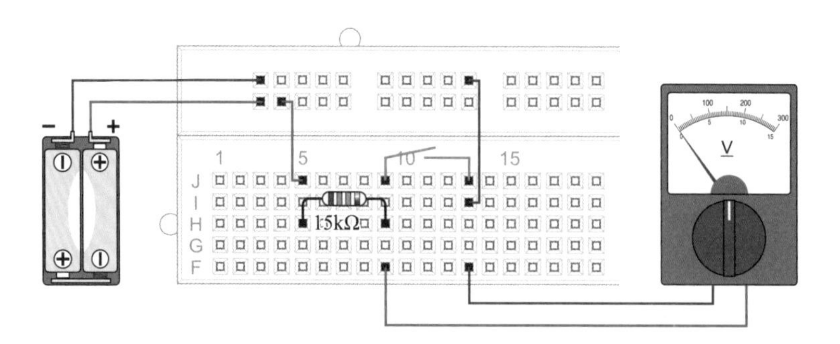

测量结果：V_{on} 为 0V，V_{on} 为 6V。
也就是说，V_{on} 为低电平（L），V_{on} 为高电平（H）。
低电平和高电平的判定如下。

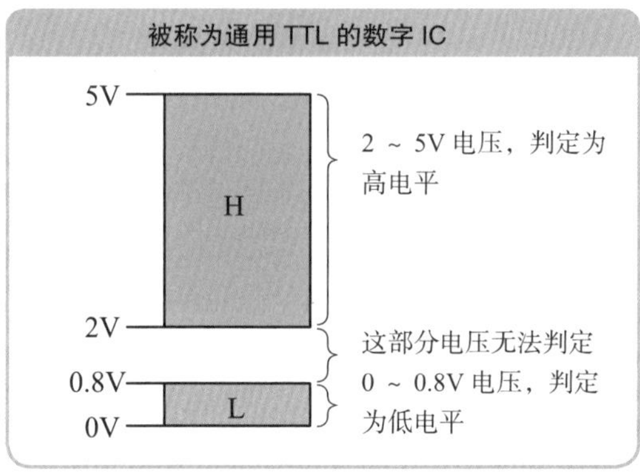

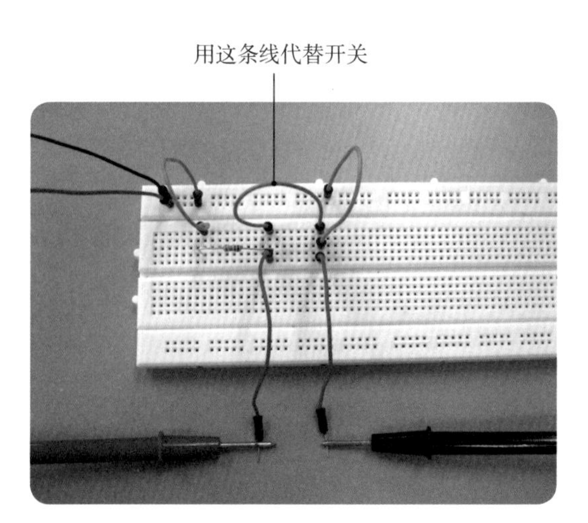

STEP 11　使用二极管的电路：或门逻辑电路

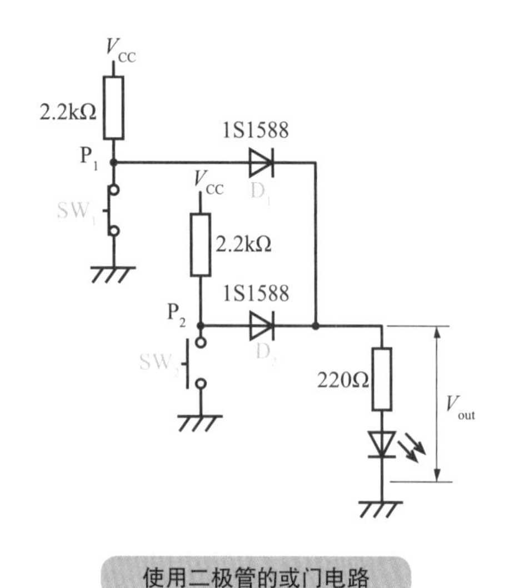

使用二极管的或门电路

在数字电路中，电压范围内的高电平记作H，低电平记作L。用二进制的1代替高电平、0代替低电平来表达逻辑时，分别将它们称为正逻辑和负逻辑。

左图是正逻辑的或门（OR）电路。无论哪一端的电压为H，输出 V_{out} 都为H。用二进制表示：1+0=1。

该电路中使用的是型号为IS1588的二极管。在大多数情况下也可使用其他型号的二极管，甚至是LED。如果不使用二极管或LED，就不能形成或门电路。

或门电路的动作模式

SW_1	SW_2	P_1	P_2	V_{out}	LED
OFF	OFF	H	H	H	亮
ON	OFF	L	H	H	亮
OFF	ON	H	L	H	亮
ON	ON	L	L	L	灭

电路图的简化

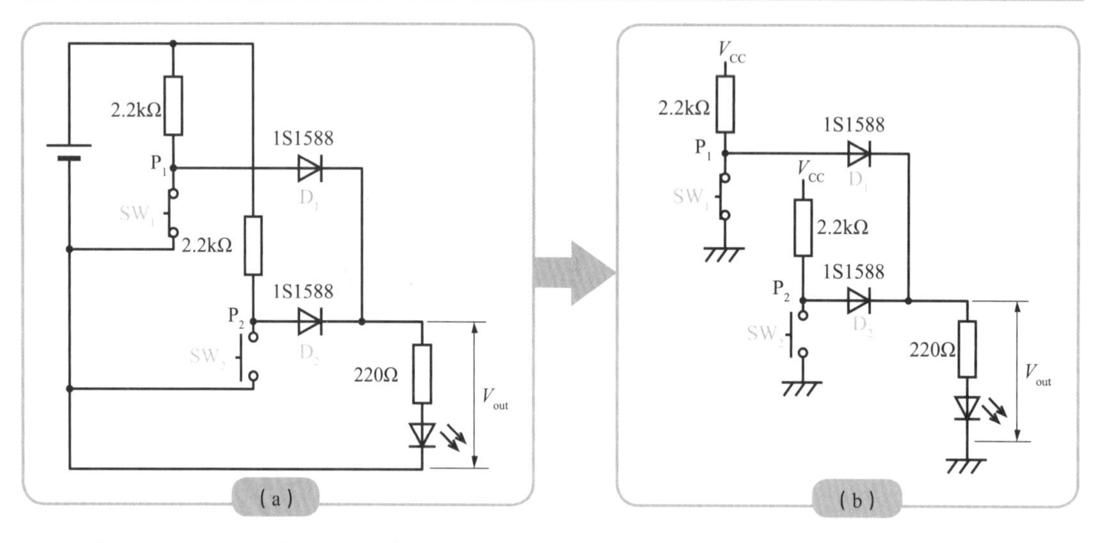

图（a）和图（b）都是二极管或门电路，但是通常画成图（b）的样子。区别在于，图（b）省略了电路共用的电源连接线。电源通常是一端接地（称为地线或者GND），用接地符号表示。另一端接电源正极，用 V_{CC} 标识。图（b）更简洁，可读性更强。

记一记

画出连线并实际完成实物制作。

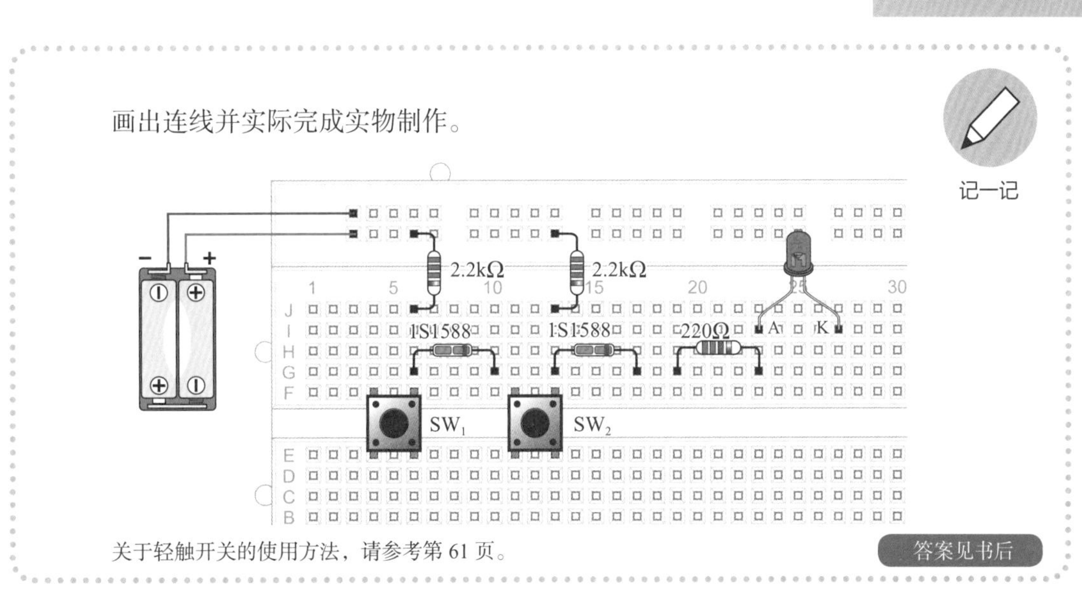

关于轻触开关的使用方法，请参考第 61 页。

答案见书后

做一做

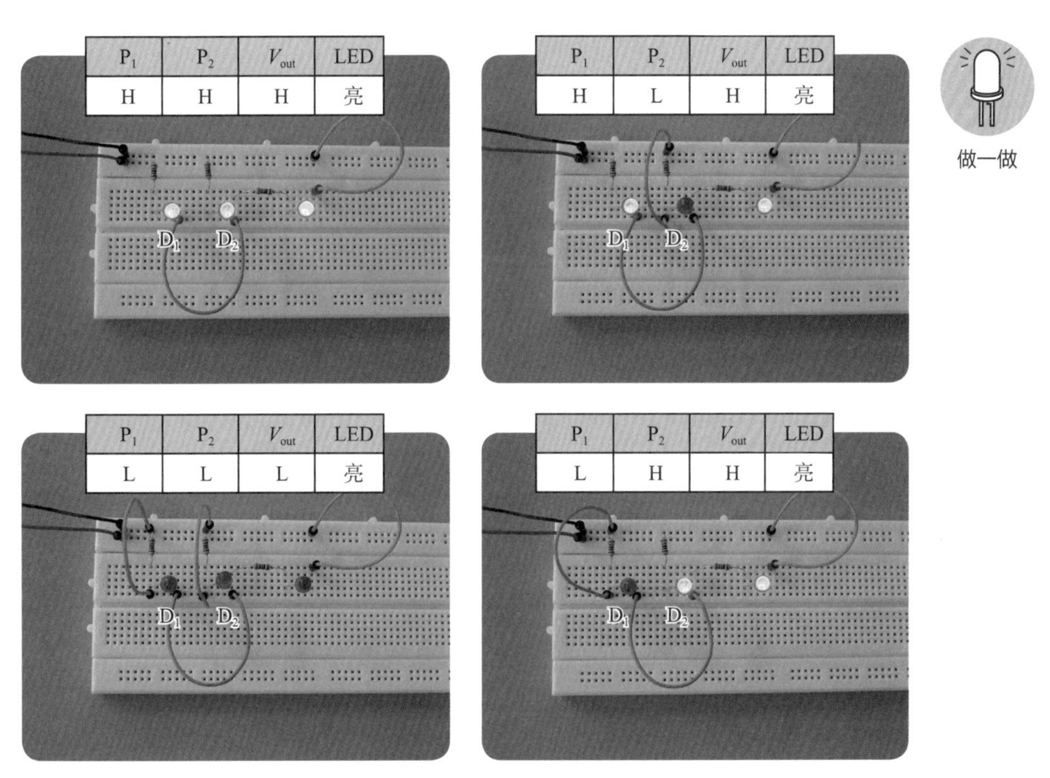

P_1	P_2	V_{out}	LED
H	H	H	亮

P_1	P_2	V_{out}	LED
H	L	H	亮

P_1	P_2	V_{out}	LED
L	L	L	亮

P_1	P_2	V_{out}	LED
L	H	H	亮

将电路中的IS1588更换为LED。另外，用连线替代开关。

STEP 12 使用二极管的电路：与门逻辑电路

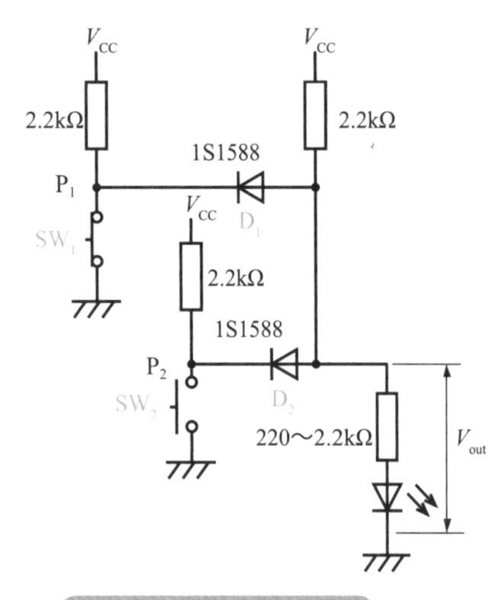

使用二极管的与门电路

左图为使用二极管的与门（AND）电路。两个输入中的任何一个不为 H，输出也不会为 H。图中的阻值是大致的标准。有一个电阻器的阻值未定，可在 220Ω ~ 2.2kΩ 之间进行尝试。图中 V_{out} 的 LED 已经串联了一个 2.2kΩ 电阻。为了保证 LED 的亮度，电阻不得大于 2.2kΩ。将任何一个开关设置为 ON，输入电压为 0，即输入 L。

如果用 1 来表示 L 的负逻辑来考虑，就可将其看作或门电路（任何一端输入为 L，则输出为 L）。

与门电路的动作模式

SW_1	SW_2	P_1	P_2	V_{out}	LED
OFF	OFF	H	H	H	亮
ON	OFF	L	H	L	灭
OFF	ON	H	L	L	灭
ON	ON	L	L	L	灭

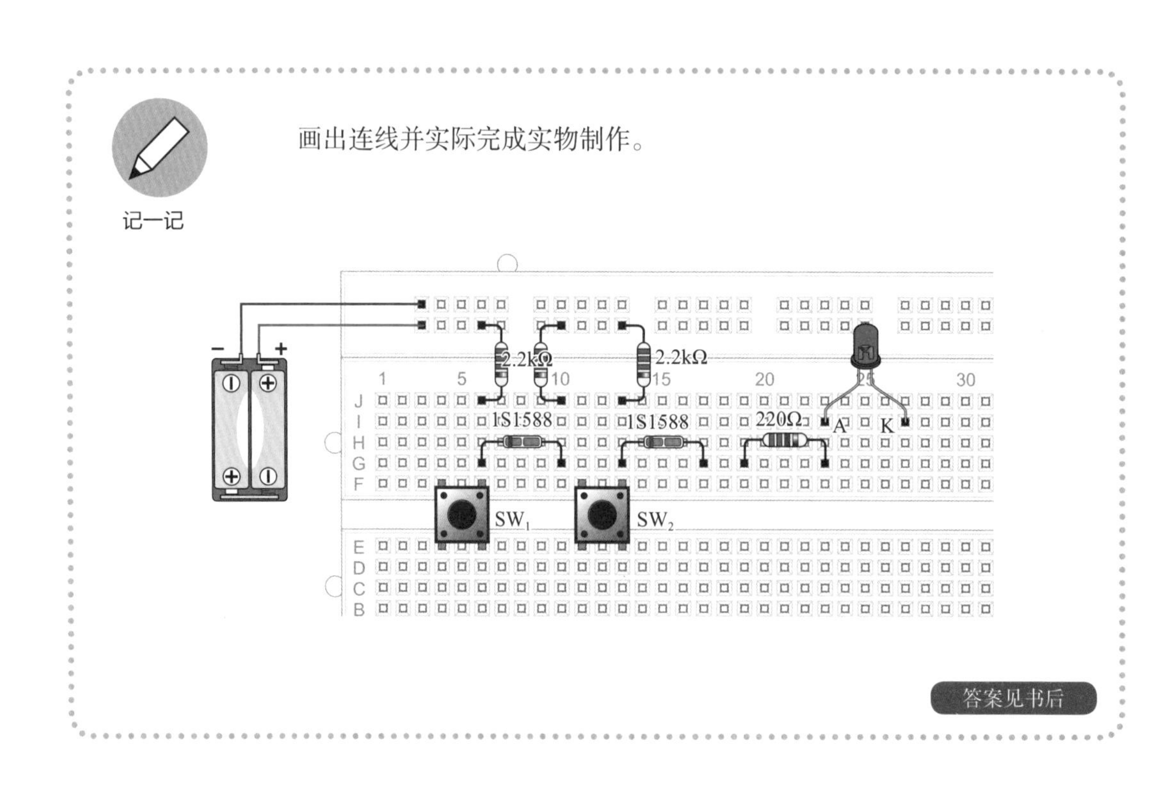

做一做

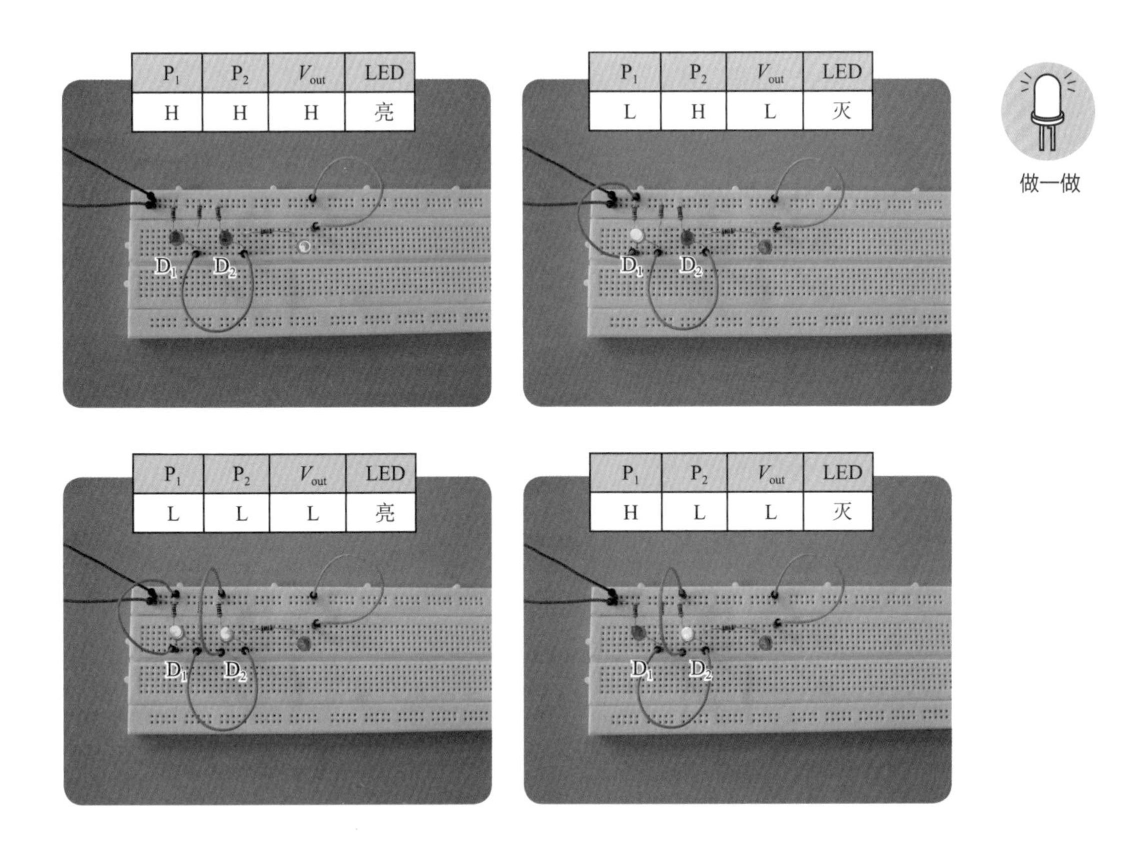

P_1	P_2	V_{out}	LED
H	H	H	亮

P_1	P_2	V_{out}	LED
L	H	L	灭

P_1	P_2	V_{out}	LED
L	L	L	亮

P_1	P_2	V_{out}	LED
H	L	L	灭

将电路中的 IS1588 更换为 LED。另外，用连线替代开关。

与门电路和 STEP 11 的或门电路相反，D_1、D_2 均熄灭的状态为 H，均点亮的状态为 L。

STEP 13　使用二极管的电路：矩阵

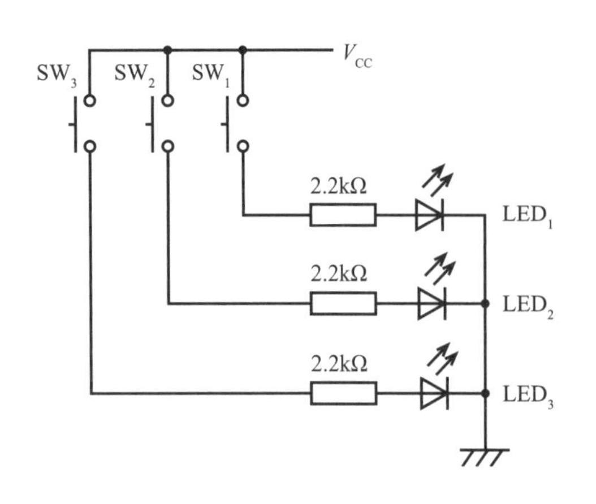

SW_1 处于 ON 时，LED_1 点亮；SW_2 处于 ON 时，LED_2 点亮；SW_3 处于 ON 时，LED_3 点亮。

SW_3	SW_2	SW_1	
● OFF	● OFF	○ ON	LED_1
● OFF	○ ON	● OFF	LED_2
○ ON	● OFF	● OFF	LED_3

记一记

在下面的电路图中，如果按下 SW_2，LED_1 和 LED_2 就会点亮。对这个电路追加二极管进行改良，使得按下 SW_1 时，LED_1 会点亮；按下 SW_3 时，LED_1、LED_2、LED_3 均会点亮。

SW_3	SW_2	SW_1	
○ ON	○ ON	○ ON	LED_1
○ ON	○ ON	● OFF	LED_2
○ ON	● OFF	● OFF	LED_3

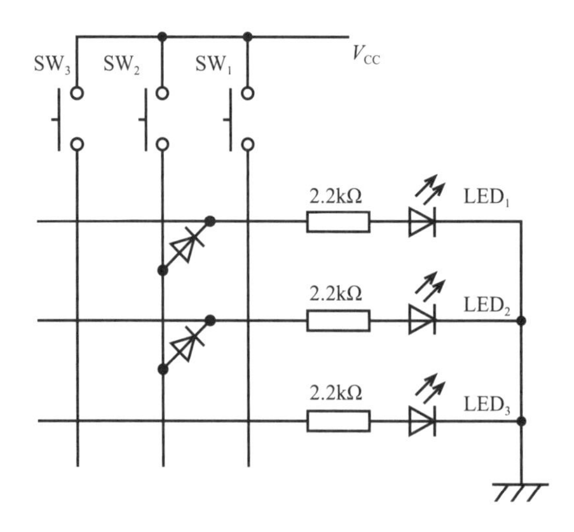

答案见书后

完成电路图后，按照下图进行实际接线。

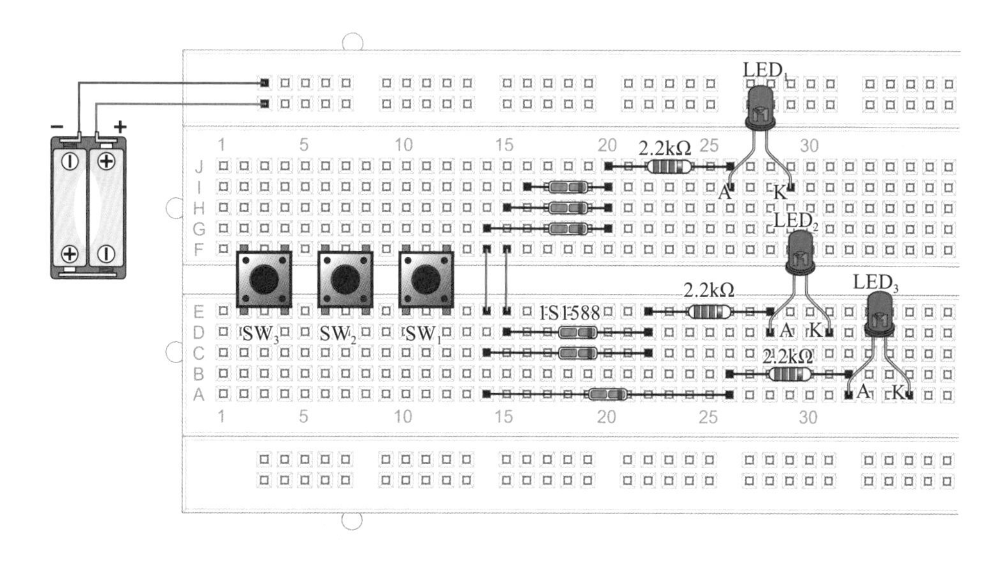

（可用 LED 代替 1S1588）

答案见书后

如果用连线代替二极管，会怎样？先用电路图分析一下，然后实际制作实验一下看看。

无论多么优秀的电路设计师，实际制作自己设计的电路时，都会经常出现想象不到的程序错误。电路的精髓要用手和脑去掌握。

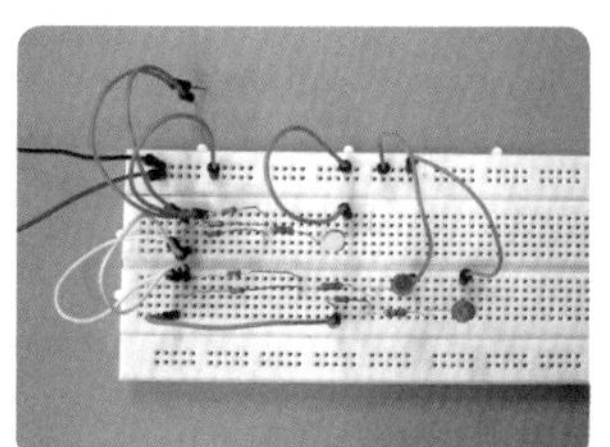

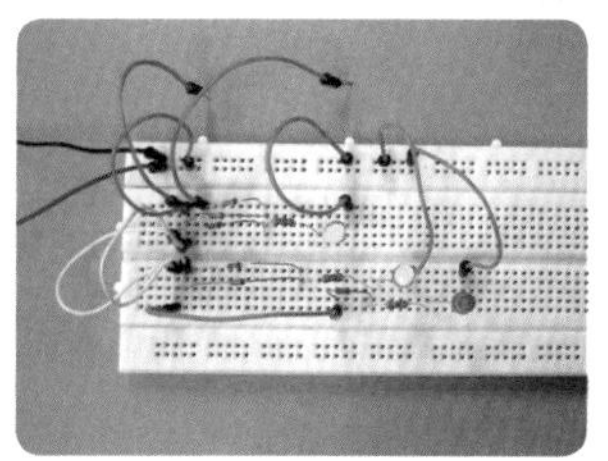

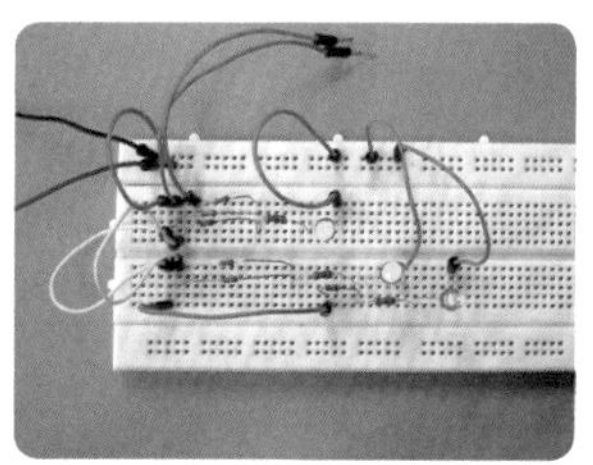

STEP 14 电容器

之前，我们学习了使用电阻器的电路，接下来学习使用电容器和电感器的电路。电容器的英语为 Capacitor。电容器也是电子设备中不可或缺的零件，但用起来不像电阻器那么简单。（据说索尼的晶体管收音机在美国的销售非常成功，可是正当销售步入正轨时，电容器问题导致故障频发）

原始的电容器

为了更好地了解电容器，最好自己试着制作。准备 2 张家用铝箔，在其中间夹上纸张，就形成了电容器的原型。本次制作，绝缘材料（功能上称为电介质）使用了杂志的封面，也可使用塑料和铝的氧化膜等电介质。根据电介质和结构，电容器有各种不同的类型。

顾名思义，电容器有储存电荷的功能。它常用于将交流转换为直流的整流电路中，也用于调谐电路和去除特定信号的滤波电路等多个领域。根据用途，人们开发了各种电容器。

各种电容器

电容器的种类和符号

虽然电解电容的种类很多,但是只要记住下面的4种符号即可。

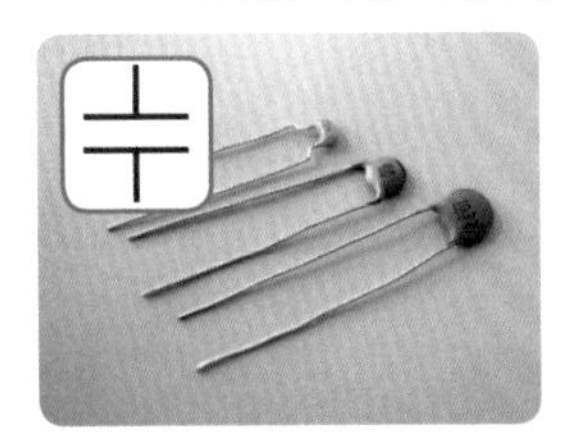
普通的固定电容器

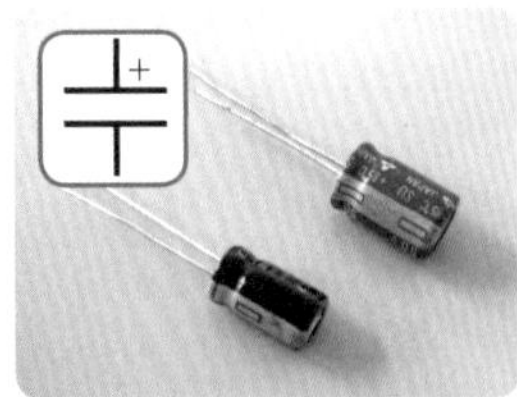

同样是固定电容器，但是有极性的电解电容器:标有“–”的引脚要接低电位

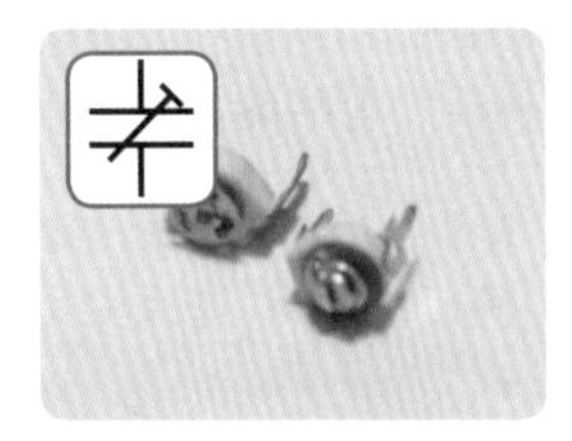
微调电容器，可调整至最适合的容量，在调整后固定于某个电容值

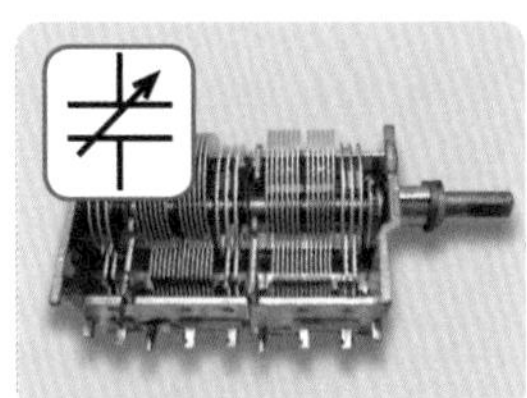
可变电容器，常用于收音机的选频电路

电容器的原理

电容器可以储存电荷。那么，电荷是什么？电荷的大小又如何表示？电荷的大小和其结构又有什么关系？

首先，电荷的单位为C——库仑。电荷流动而形成电流，1s之内流过1C的电荷，就形成了1A的电流。

电容器储存的电荷的多少和导体两端的电压成比例——比例系数被称为电容量，单位为F——法拉。电容量因电容器的类型而不同，即使电压相同，电容量大的电容器储存的电荷多。那么，电容量又是由什么决定的呢？电容量和导体的面积成正比，和导体间的间隙成反比——比例系数被称为介电常数，该常数根据介电材料的不同而不同。

（1）2块导体之间夹着介电材料（绝缘物质）形成电容器的原型。

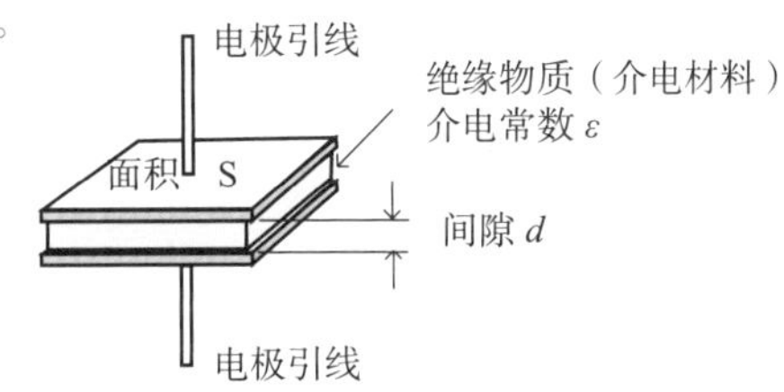

（2）储存的电荷 Q 和两端的电压 V 的大小成比例——比例系数被称为电容量 C。

$$Q_{(\text{C: 库仑})}=C_{(\text{F: 法拉})}\times V_{(\text{V: 伏特})}$$

并且，1A的电流相当于1s内流过1C电荷：

$$I_{(\text{A: 安培})}=\frac{Q_{(\text{C: 库仑})}}{t_{(\text{s: 秒})}}$$

（3）电容量 C 和导体面积 S 成正比，和导体间的间隙成反比——比例常数被称为介电常数，取决于介质材料。

$$C_{(\text{F})}=\varepsilon_{(\text{F/m})}\times\frac{S_{(\text{m}^2)}}{d_{(\text{m})}}$$

真空的介电常数为 8.85×10^{-12}。

介电常数是相对介电常数与真空中的绝对介电常数的乘积。

计算用铝箔制作的简易电容器的电容量

自己制作的电容器的电容量为多少？

请实际计算一下。例如，铝箔的大小为25cm×35cm，间隙为0.1mm，介电材料为纸张。

纸张的介电常数为绝对介电常数和纸张的相对介电常数的乘积。若相对介电常数为2，则计算值为15nF（$1\text{nF}=10^{-9}\text{F}$），大体上与实测值一致。从上面按住铝箔进行测量时，测量值会有变化。

$$C=\frac{\varepsilon_r\times\varepsilon_o\times S}{d}$$

C：电容量（F）

S：导体的面积（m^2）

ε_r：相对介电常数

ε_o：真空介电常数（F/m）

d：间隙（m）

材质	相对介电常数
空气	1
纸张	2.0 ~ 2.6
聚乙烯	2.2 ~ 2.4
氧化钛	15 ~ 250
氧化铝陶瓷	8 ~ 10

若铝箔的大小为25cm×35cm，间隙为0.1mm，则电容量为

$$2\times8.85\times10^{-12}\times0.25\times0.35\div0.0001=1.549625\times10^{-8}$$
$$=15\ (\text{nF})$$

和实测值大体一致。

STEP 15 纯 *CR* 电路

想一想

在 LED、电阻器、电容器串联的简单电路中，将 SW_1 置于 ON 时，LED 呈现什么状态？

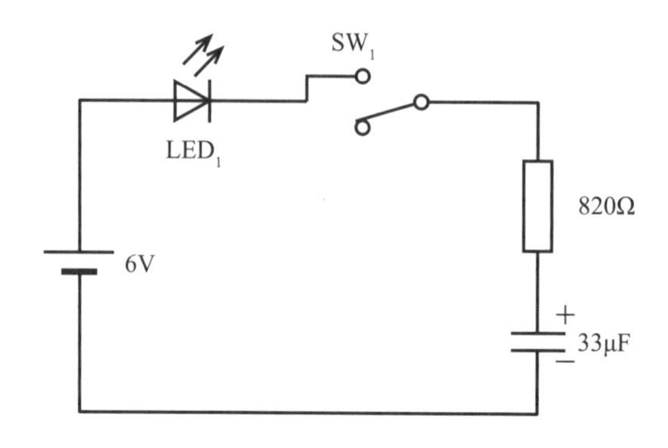

①电容器阻断电流，LED 不会点亮
② LED 瞬间点亮后熄灭
③经过一段时间后 LED 点亮

钮子开关的种类和符号

电容器的符号在 STEP 14 中介绍过。此次登场的电气符号为钮子开关。钮子开关有 3 个端子，中间的端子为公共端子。根据动臂的位置，有时左边的 2 个端子导通，有时右边的 2 个端子导通。这 3 个端子可以看作一组。

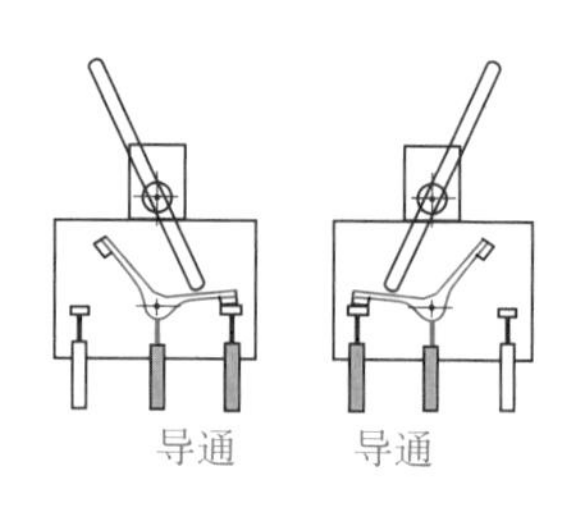

有 1 组这样的端子的称为单刀双掷型，有 2 组这样的端子的称为双刀双掷。也有动臂自动复位型等各种类型，无法都用类似于“单刀双掷”的方式命名。因此，请参考各厂商的产品目录，根据构造、功能、开断电流来选择开关类型。此前的电路学习中没有用到开关，此次的 *CR* 电路实验需要开关。

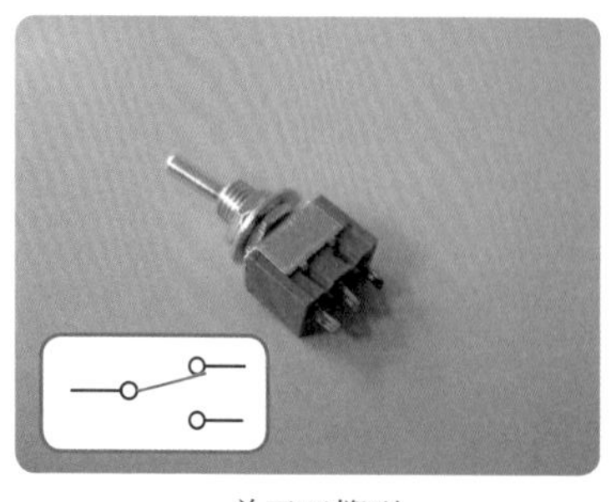
单刀双掷型

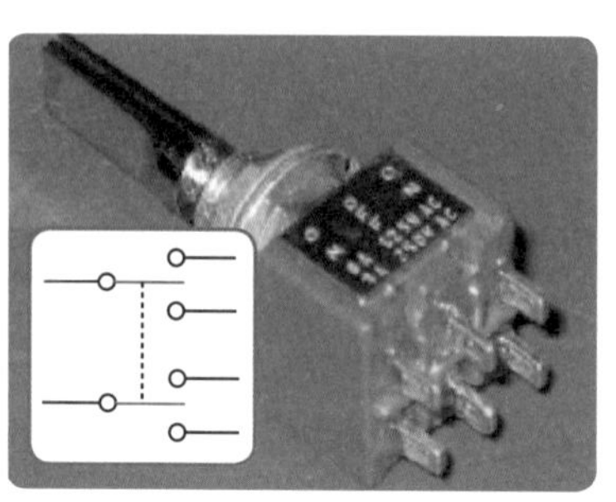
双刀双掷型

在下图中完成连线，然后使用套件制作实际电路并进行实验。

记一记

做一做

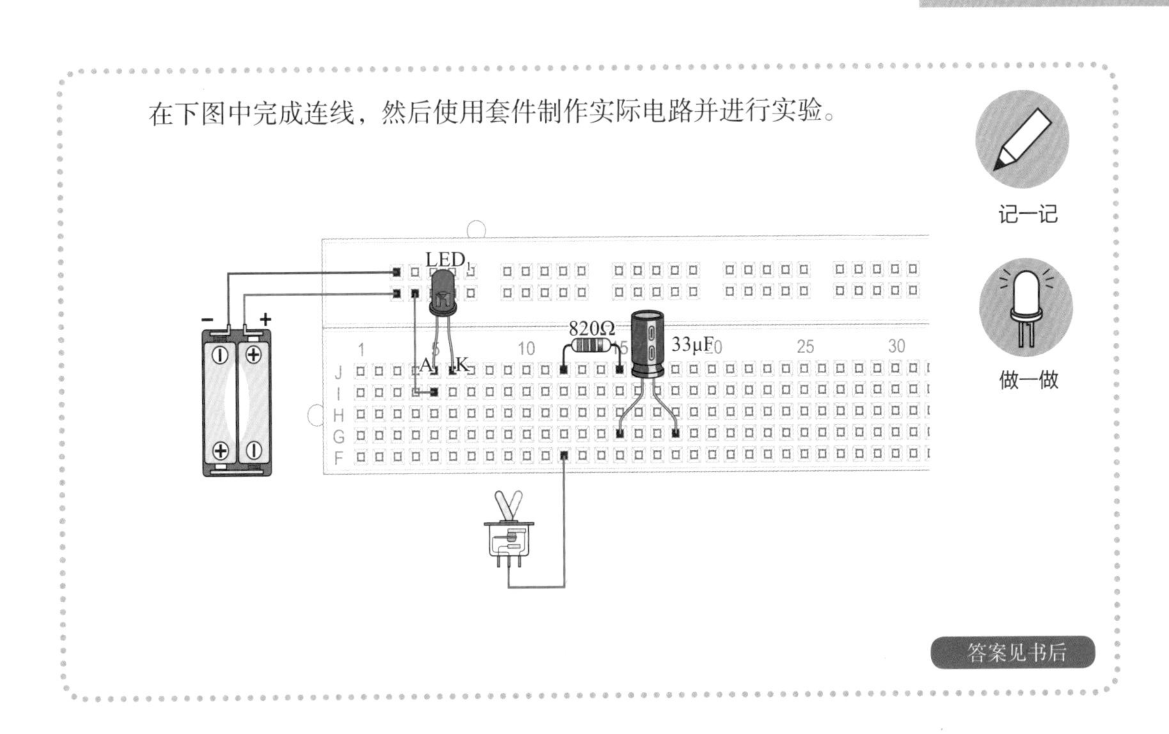

答案见书后

根据实验结果，正确答案为“② LED 瞬间点亮后熄灭”。这是为什么？

解 答

LED 瞬间点亮，说明只有在点亮的一瞬间有电流流过。有电流流过说明电荷在移动。在 SW_1 置于 ON 的一瞬间，电容器上的电位为零，因此电流沿着红色箭头方向流动。这一瞬间，LED 点亮。电容器储存的电荷达到其容量后，再无电流流过，LED 熄灭。

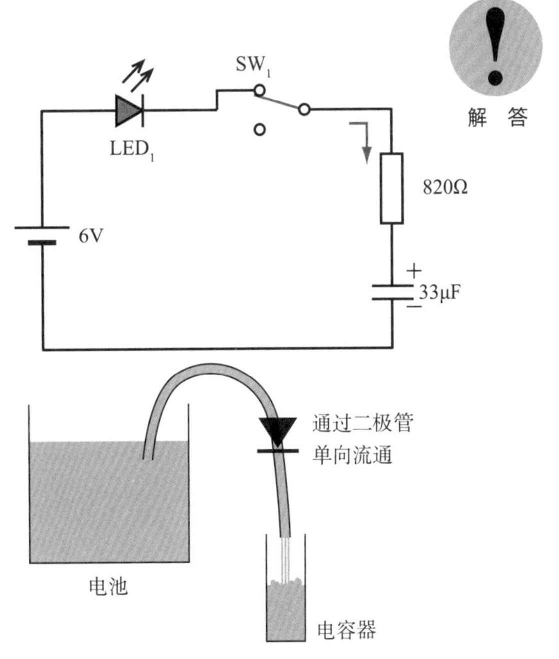

用示波器进行观察

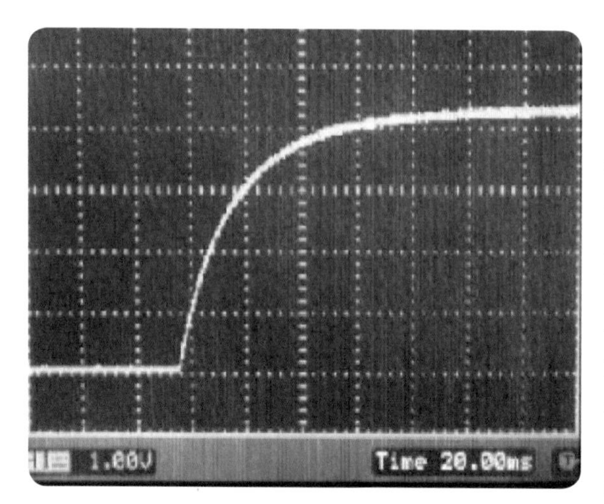

右图为用示波器捕捉的电容器储存电荷的状况随着时间变化的波形。黄线表示的电荷储存过程，实际上是电容器两端的电压波形。在此，请回想一下 $Q = C \times V$ 的公式。即使不直接测量电荷 Q，通过测量电压 V 也可以间接得出和实测值相同的结果。图中的纵轴为电压，横轴为时间，每个刻度分别设为 1V 和 20ms。由图可知，LED 点亮的时间大约为 40ms。（备注：该波形是在电源电压设为 4.5V 时测得的）

这样，从开关为 OFF 的稳定状态，转移到开关为 ON 这个完全不同的状态时，开关在 ON 稳定之前发生的现象称为过渡现象。一般来说，过渡现象是在短时间内推移的，所以在观测这段时间的变化情况时，可以说用示波器最适合。现在，数字存储示波器已经普及，本书中使用的波形图就是用数字示波器测得的。

CR 电路的数学分析

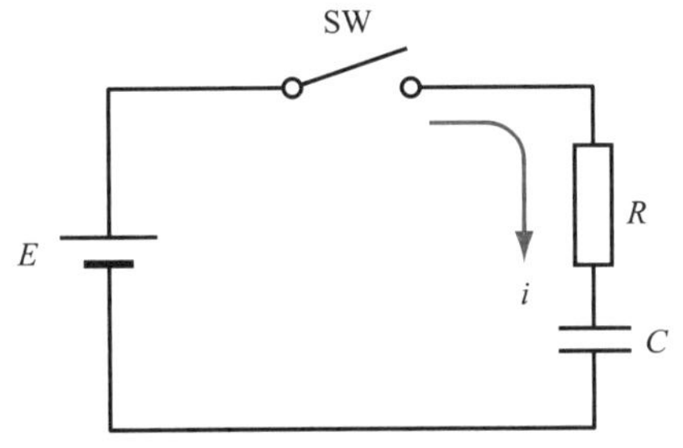

在纯 CR 电路中，电流是如何变化的？相对于变化的电流，电阻器和电容器两端的电压是如何变化的？下面，对 CR 电路进行数学分析。

用 E 表示电源，R 表示电阻器，C 表示电容器，将 SW 置于 ON 时，电路中流过的电流为 i。如前所述，该电流是随着时间发生变化的，可以用时间的函数来表示。该电路中流过电流 i 时，电阻器 R 和电容器 C 两端会产生电压，下式成立：

$$R_i+\frac{1}{C}\int_0^t i\mathrm{d}t=E$$

该式的左边第 2 项表示电容器两端的电压 V_C。

请回忆一下之前讲解的 $Q=CV$，用 V_C 置换 V 后可变形为

$$V_C=\frac{Q}{C}$$

那么，如何表示 i 呢？有公式 $I=Q/t$（STEP 14）。

但是，式中的 I 为不随时间变化的电流常数。那么，随时间变化的情况又是怎样的？

在任意时间 t 内，i 的微分形式为

$$i=-\frac{\mathrm{d}q}{\mathrm{d}t}$$

由此可以解得电容器的端子电压为

$$V_C=E\left(1-\mathrm{e}^{\frac{-t}{CR}}\right)$$

CR 为 C 和 R 的乘积，又称为时间常数。将其表示为 τ，得到：

$$V_C=E\left(1-\mathrm{e}^{\frac{-t}{\tau}}\right)$$

当 $t=\tau$ 时，$V_C=E\left(1-\mathrm{e}^{-1}\right)=0.632E$。

当 $t=5\tau$ 时，$V_C=E\left(1-\mathrm{e}^{-5}\right)=0.99E$，约等于电源电压。

STEP 16　为纯 *CR* 电路增加放电功能

在完成 STEP 15 中的电路后可能会注意到，这个电路有一个难点。首次将 SW_1 置于 ON 时，LED_1 点亮一瞬间。但是，此后再次将 SW_1 置于 ON 时，LED_1 不会点亮。这是因为电容器储存了电荷。

可以对电容器进行放电，但是等待放电是要花时间的。经常有人直接用螺丝刀短接电容器的两个端子进行放电，但是这里不推荐。储存的电荷量和电压比较小时，这么做基本没有什么问题，但是电荷量较大时，这么做会产生电火花和瞬间大电流，会对人体产生危害，也会缩短电容器的寿命。

记一记

可以通过在 STEP 15 的电路中追加一条线实现放电。
请在下图中添加上这条线。

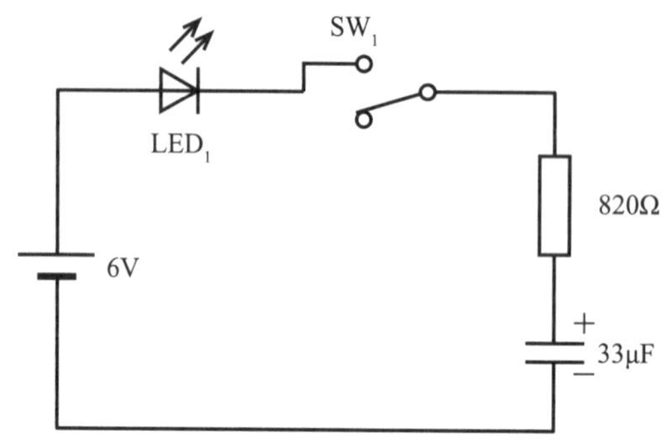

做一做

改造 STEP 15 的电路，并进行实验确认。

实物接线图见书后

下图就是答案。

增加红色连线。增加该回路之后，再次将 SW_1 置于上方之前，先将其置于下方。

如此一来，电容器中储存的电荷便通过电阻器放电，电荷能量转换成电阻器的发热量被消耗。

待电容器中储存的电荷消耗完，合上 SW_1 时，LED_1 就会又一次点亮了。

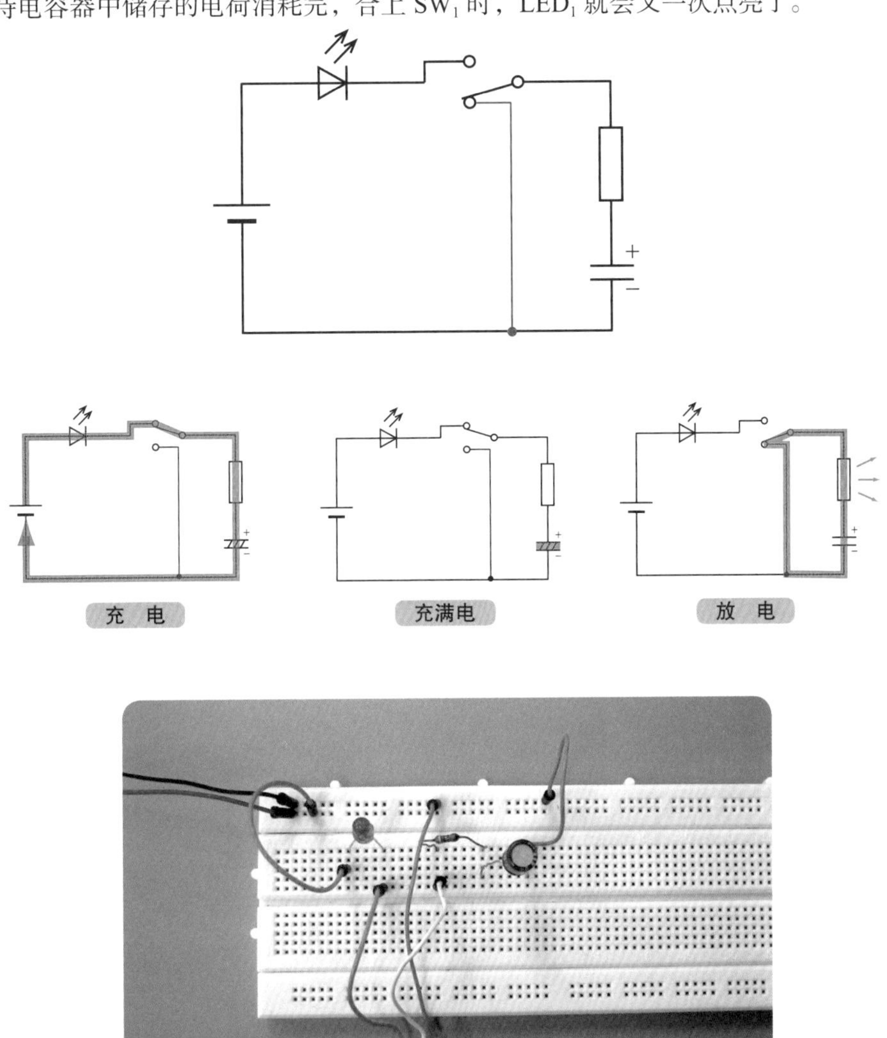

STEP 17　CR 电路（电容器并联）

在 STEP 16 的电路中追加一个同样的电容。
即使在此情况下，也可以预想到 LED 会瞬间点亮。但是，时间是问题。

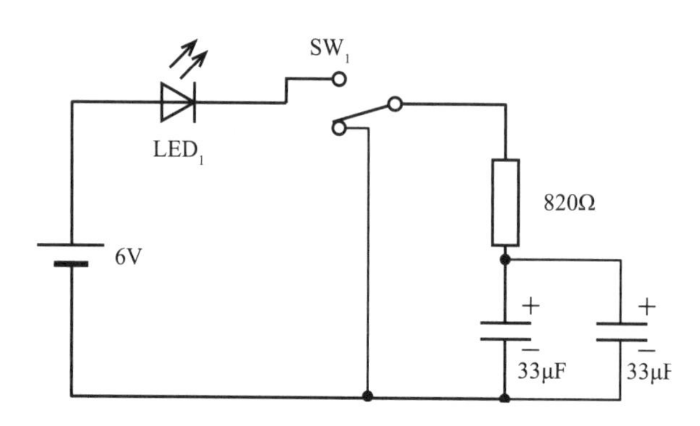

① 点亮 / 熄灭的时间和 STEP 16 完全相同
② 点亮 / 熄灭的时间是 STEP 16 的 2 倍
③ 点亮 / 熄灭的时间是 STEP 16 的一半

思考后无法解决就动手吧！
完成下述实物接线图，实际用套件制作电路并进行实验。

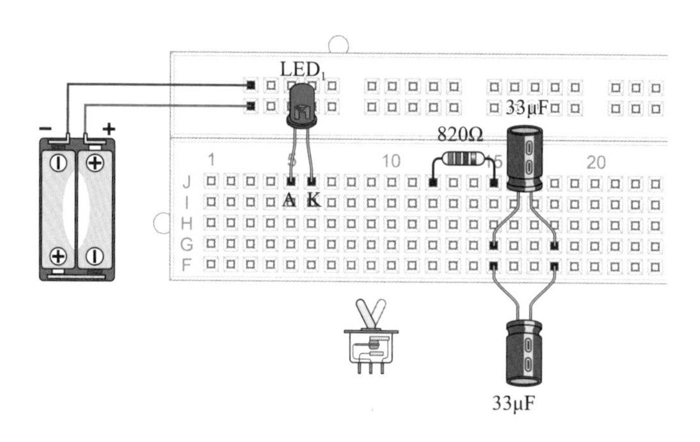

实物接线图见书后

"② 点亮 / 熄灭的时间是 STEP 16 的 2 倍"为正确答案。

简单来说，就是已有 1 个水池，增加 1 个水池后，通过管道注满需要花费 2 倍的时间。

下面通过计算来求得此结果。

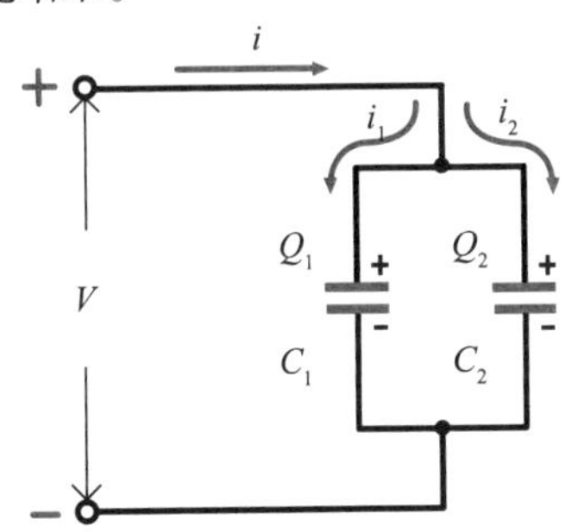

左边的电容器储存的电荷量为 $Q_1=C_1\times V$。

右边的电容器储存的电荷量为 $Q_2=C_2\times V$。

2 个电容器储存的总电荷量为为 $Q_1+\times Q_2$。

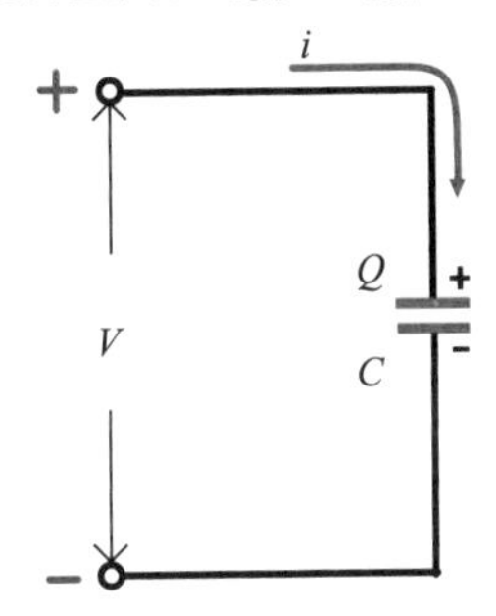

如果用一个储存电荷量为 Q_1+Q_2、电容量为 C 的电容器来置换：

$$Q_1+Q_2=C\times V \quad \cdots ①$$

则：

$$Q_1+Q_2=C_1\times V+C_2\times V=(C_1+C_2)\times V \quad \cdots ②$$

由式①和式②可以求得：

$$C=C_1+C_2$$

通过计算也得到相同的结论。

将 2 个 33μF 的电容器并联，和使用 1 个 66μF 电容器的结果相同。

并且，如果流过的电流相同，可以理解 1 个 66μF 电容器的充放电时间为 1 个 33μF 的 2 倍。

STEP 18 *CR* 电路（电容器串联）

想一想

在 STEP 16 的电路中追加 1 个相同的电容，2 个电容器串联。
此时 LED 会点亮吗？如果会点亮，点亮的时间又是多长？

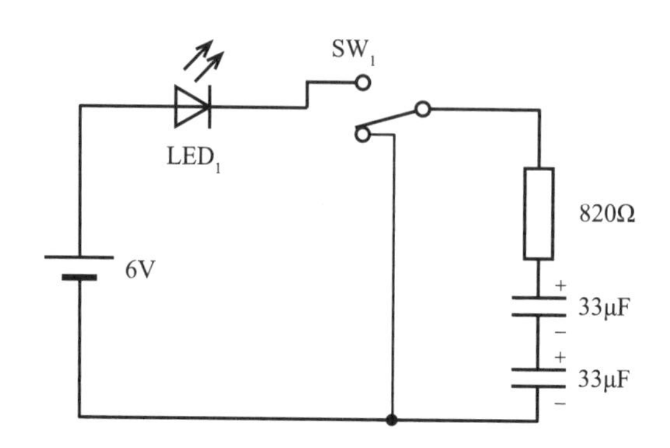

① 点亮 / 熄灭的时间和 STEP 16（1 个 33μF 电容器）完全相同
② 点亮 / 熄灭的时间是 STEP 16 的 2 倍
③ 点亮 / 熄灭的时间是 STEP 16 的一半
④ LED 一直处于熄灭状态，没有变化

记一记

做一做

思考后无法解决就动手吧！
完成下述实物接线图，实际用套件制作电路并进行实验。

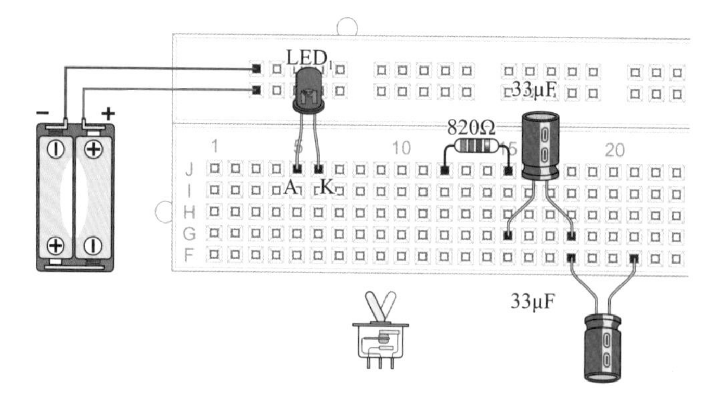

实物接线图见书后

“③ 点亮 / 熄灭的时间是 STEP16 的一半”为正确答案。

和并联的时候不同，此时不能很快得知 C_1 和 C_2 两端的电压为多少。

但是，C_1 和 C_2 两端的电压肯定是电源电压的总和。那么，电流又是多少？

由于没有分支电路，所以电路中任何地方流过的电流均相同。

设 C_1 中储存的电荷产生的电压为 V_1，C_2 中储存的电荷产生的电压为 V_2，则下式成立：

$$V_1 + V_2 = V \quad \cdots①$$

另外，流过 C_1 和 C_2 的电流相同，因此 2 个电容器储存的电荷量相同。V_1 和 V_2 可由下式求得：

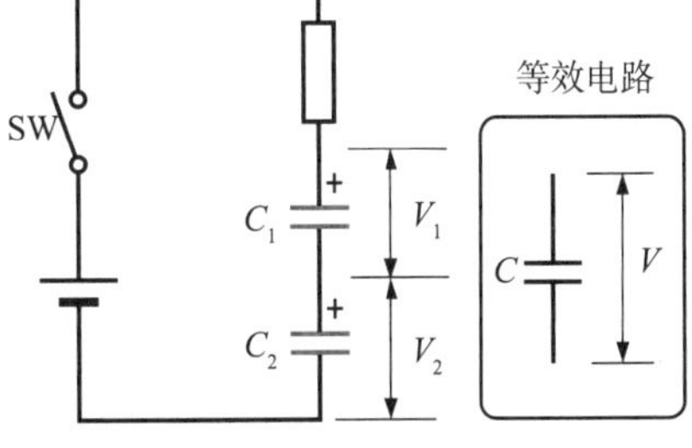

$$V_1=\frac{Q}{C_1} \quad \cdots②$$

$$V_2=\frac{Q}{C_2} \quad \cdots③$$

将串联电路置换成等效电路，则：

$$V=\frac{Q}{C} \quad \cdots④$$

将式②、式③、式④代入式①可得：

$$\frac{Q}{C_1}+\frac{Q}{C_2}=\frac{Q}{C}$$

由上式可得：

$$C=\frac{C_1 \times C_2}{C_1+C_2}$$

即，当 $C_1=C_2$ 时，$C=\frac{C_1}{2}$。

2 个电容量相同的电容器，串联后的电容量变成了 1 个电容器的一半，因此只需要一半的时间充满电。

STEP 18 CR电路（电容器串联）

想一想

将 LED_1、LED_2、LED_3 分别和电阻器、电容器串联。假设所有电阻器、电容器和 LED 的规格和特性完全相同，那么 LED_1、LED_2、LED_3 还会瞬间点亮吗？另外，亮度是相同的吗？

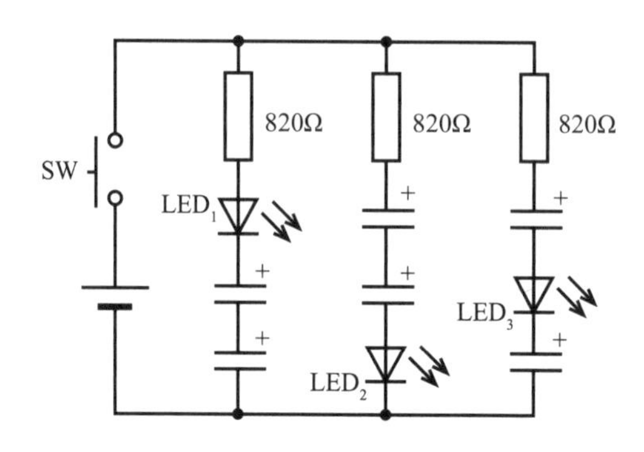

① LED_1：（a）瞬间点亮（b）不点亮
② LED_2：（a）瞬间点亮（b）不点亮
③ LED_3：（a）瞬间点亮（b）不点亮
④ 如果点亮，所有 LED 的亮度：（a）相同（b）不同

做一做

思考后无法解决就动手吧！

实际用套件制作电路并进行实验时，由于电容器数量不够，所以一列一列进行实验。

另外，可采用开关切换电容器放电，在各个电路中追加一个 LED 和一条线就可以实现。

实物接线图见书后

解 答

①～④的正确答案都为（a）。

也就是 LED_1、LED_2、LED_3 在相同的时间内以同样的亮度点亮。

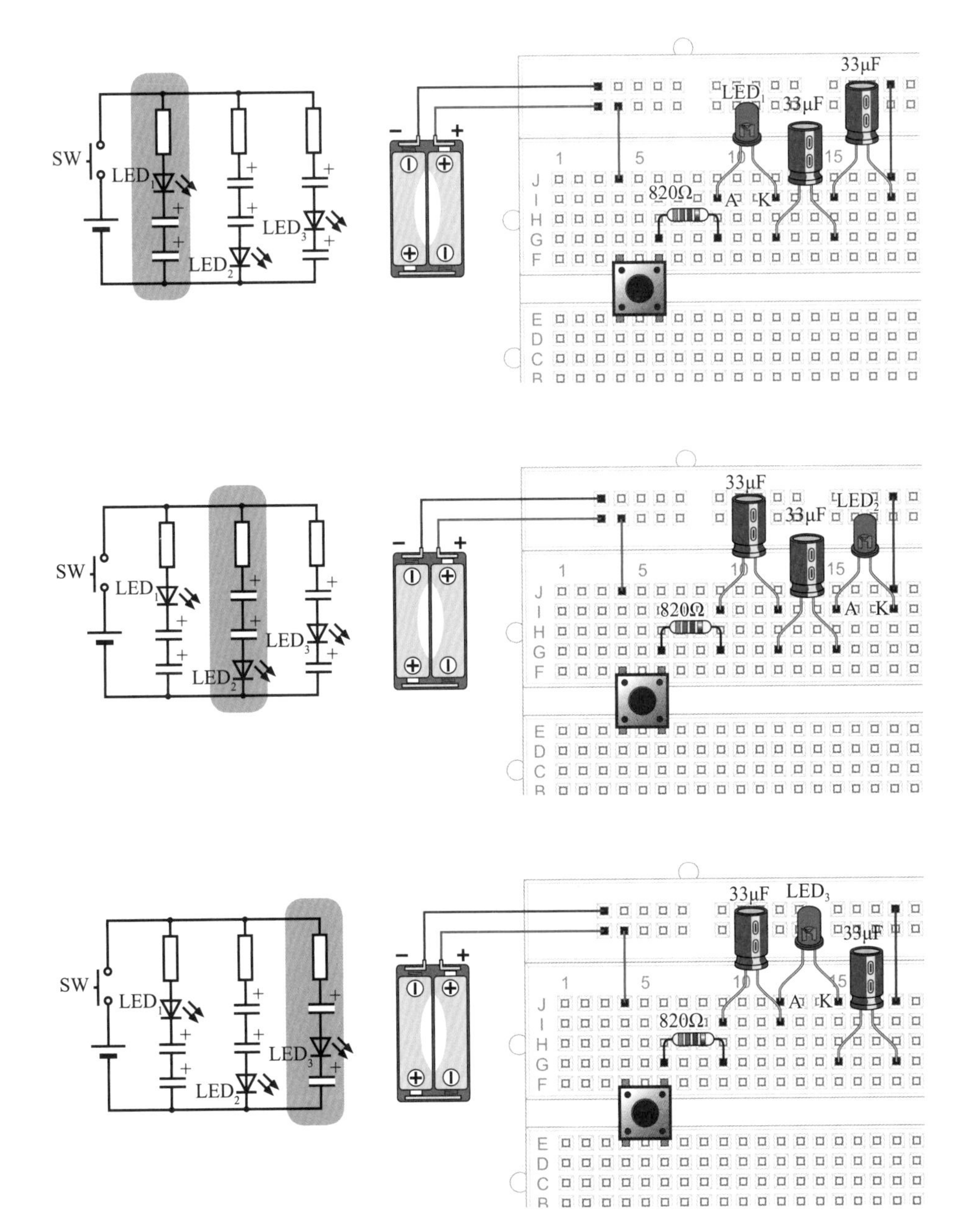

STEP 19　用 Excel 模拟 *CR* 电路

电源电压		5	V	
串联电阻		15000	Ω	
电容		3.00E-05	F	
时间		电流	电容器储存电荷	电容器端电压
0.0	I0	0.000333	0	0
0.1	I1	0.000259	3.33E-05	1.11E+00
0.2	I2	0.000202	5.93E-05	1.98E+00
0.3	I3	0.000157	7.94E-05	2.65E+00
0.4	I4	0.000122	9.51E-05	3.17E+00
0.5	I5	0.000095	1.07E-04	3.58E+00
0.6	I6	0.000074	1.17E-04	3.89E+00
0.7	I7	0.000057	1.24E-04	4.14E+00
0.8	I8	0.000045	1.30E-04	4.33E+00
0.9	I9	0.000035	1.34E-04	4.48E+00
1.0	I10	0.000027	1.38E-04	4.59E+00
1.1	I11	0.000021	1.41E-04	4.68E+00
1.2	I12	0.000016	1.43E-04	4.75E+00
1.3	I13	0.000013	1.44E-04	4.81E+00
1.4	I14	0.000010	1.46E-04	4.85E+00
1.5	I15	0.000008	1.47E-04	4.88E+00
1.6	I16	0.000006	1.47E-04	4.91E+00
1.7	I17	0.000005	1.48E-04	4.93E+00
1.8	I18	0.000004	1.48E-04	4.95E+00
1.9	I19	0.000003	1.49E-04	4.96E+00
2.0	I20	0.000002	1.49E-04	4.97E+00
2.1	I21	0.000002	1.49E-04	4.97E+00
2.2	I22	0.000001	1.49E-04	4.98E+00

请看上图的 Excel。在 F 列的第 2 ~ 4 行中设置 STEP 15 的电路的电源电压、串联电阻值和电容量。但是，将电阻值设为 15kΩ，请计算每隔 0.1s 的电容器内储存的电荷量和电容器两端的电压。

首先是第 8 行的开关打开瞬间。此时，储存的电荷量和电容器两端的电压均为零，流过电容器的电流为电源电压减去电容器两端的电压后除以电阻。在此瞬间之后，电流值会发生变化。因为是简单的模拟，假设直到下一个 0.1s 的时间内的情况相同。在第 9 行中填入 0.1s 之后的值，电流为此时储存的电荷量和 0.1s 内流入的电荷量之和，即 G8+(0.1 × F8)。

电容器两端的电压 H9 可以由储存的电荷量计算得到，即 G9/F4。将 F4 复制到其他单元格。为了保证单元格的位置不发生变化，请指定绝对位置的单元格。

如果使用的是 Excel，请实际输入试试。

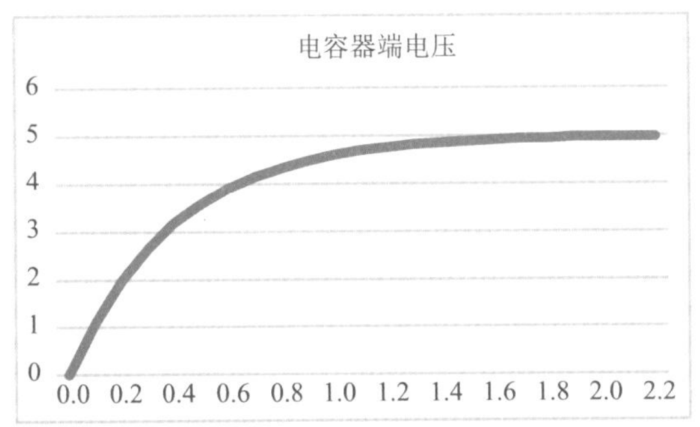

将表格中的电容器两端的电压图表化后的结果，是一条指数函数曲线。这是根据电容器的原理，计算每隔 0.1s 储存的电荷量而形成的。请注意，刚开始并不是指数函数曲线。因为设置的 R=15kΩ、C=30μF，所以电路的时间常数为 0.45s。原本电容器两端的电压应在这个时间内达到电源电压的 0.632 倍（3.16V），但实际上在 0.4s 时就达到了 3.17V，和理论值有点差别。这是因为此次模拟假设 0.1s 内流过的电流恒定，而实际上这段时间内的电流是逐渐减小的。

电源电压		5	V	
串联电阻		15000	Ω	
电容容量		3.00E-05	F	
时间		电流	电容器储存电荷	电容器端电压
0.0		0.000333	0	0
0.1		0.000259	3.33E-05	1.11E+00
0.2		0.000202	5.93E-05	1.98E+00
0.3		0.000157	7.94E-05	2.65E+00
0.4		0.000122	9.51E-05	3.17E+00
0.5		0.000095	1.07E-04	3.58E+00
0.6		0.000074	1.17E-04	3.89E+00
0.7		0.000057	1.24E-04	4.14E+00
0.8		0.000045	1.30E-04	4.33E+00
0.9		0.000035	1.34E-04	4.48E+00
1.0		0.000027	1.38E-04	4.59E+00
1.1		0.000021	1.41E-04	4.68E+00
1.2		0.000016	1.43E-04	4.75E+00
1.3		0.000013	1.44E-04	4.81E+00
1.4		0.000010	1.46E-04	4.85E+00
1.5		0.000008	1.47E-04	4.88E+00
1.6		0.000006	1.47E-04	4.91E+00
1.7		0.000005	1.48E-04	4.93E+00
1.8		0.000004	1.48E-04	4.95E+00
1.9		0.000003	1.49E-04	4.96E+00
2.0		0.000002	1.49E-04	4.97E+00
2.1		0.000002	1.49E-04	4.97E+00
2.2		0.000001	1.49E-04	4.98E+00

①

图表的制作步骤如下。

① 选择图表化数据——从 H8 到 H30 的单元格对象。

② 点击“插入→制作图表”，选择“折线图”。

③ 选择“系列”标签，在“使用项目标签”中设置“D8:D30”。于是，X 轴的刻度单位被设置为 0.1s。

④ 点击“下一步”，设置各个轴的标签。至此，图表绘制完成。

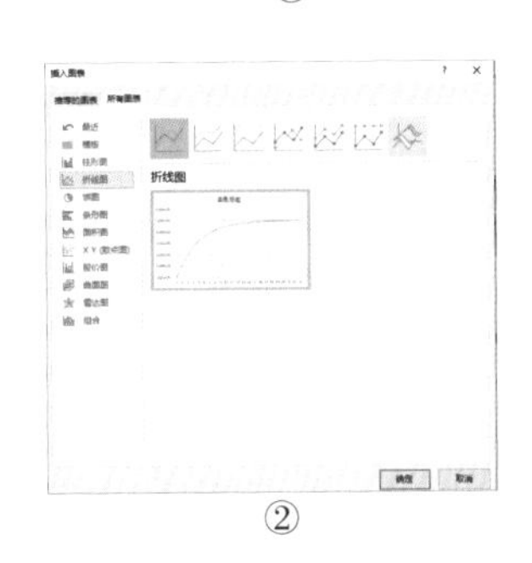

②

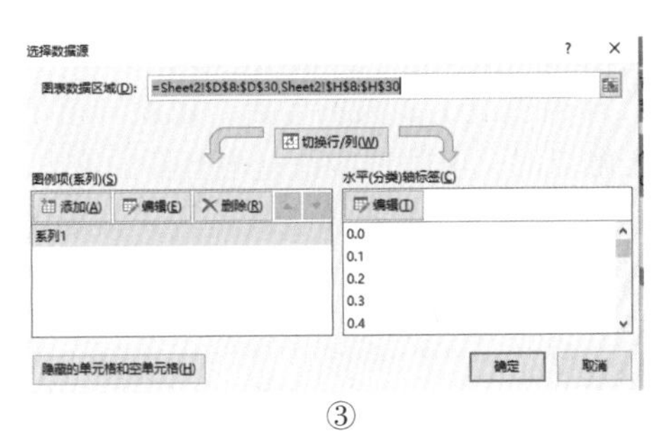

③

④

STEP 20　CR 电路（微分电路和积分电路）

即使是 CR 电路，电压是从电容器两端取，还是从电阻器两端取，波形都有很大的差异。将开关 SW 从 OFF 状态调节到上触点接通，电容器开始充电。然后，将 SW 调节到下触点接通。请分别画出电容器和电阻器两端的电压波形。

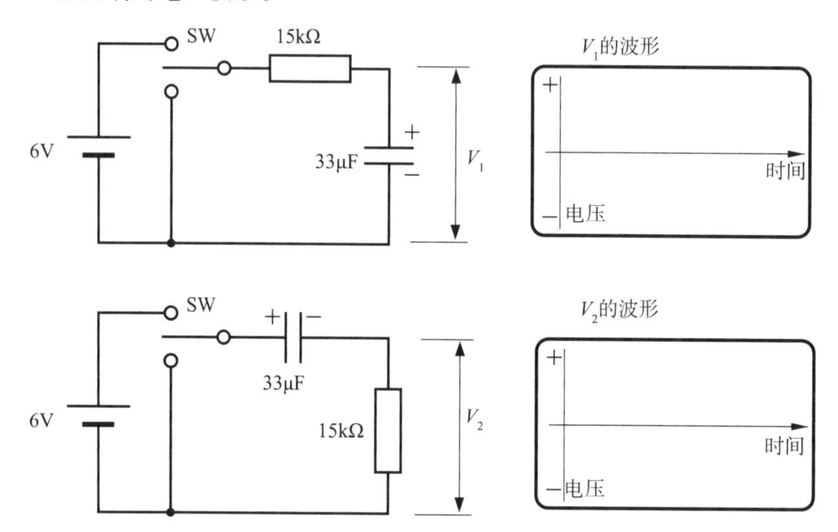

V_1 的波形是什么样的？ SW 接上触点时，电源电压通过电阻器对电容器充电，电容器储存电荷。接下来，SW 接下触点时，电容器储存的电荷通过电阻器放电。

因此，该波形为电容器充电时和放电时的电压波形。现在能想象波形是什么样的了吧？

V_2 的波形又是什么样的？电阻器两端的电压，就是电流流过电阻器时产生的压降。知道流过了多大的电流，也就知道了电压的波形。当电路中的 SW 接上触点时，电阻器中流过电容器的充电电流；接下触点时，电阻器中流过电容器的放电电流。也就是说，根据电容器的充电电流和放电电流，可以得知电压的波形。

现在明白了吧？

解 答

答案如下。

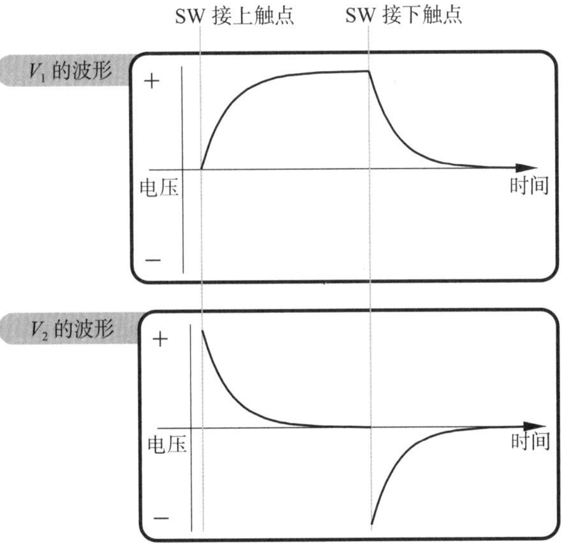

V_1 为电容器内储存的电荷产生的电压波形。电容器内部本来是无电荷的，在 SW 接上触点的瞬间，从 0V 开始以指数曲线充电至电源电压。此过程可用如下积分式表示：

$$V_1=\frac{Q}{C}=\frac{1}{C}\int_0^t i\mathrm{d}t$$

$$(Q=\int_0^t i\mathrm{d}t)$$

这样的电路具有积分功能，因此被称为积分电路。

接下来，当 SW 接下触点时，充电至电源电压的电容器又以指数曲线放电至 0V。

V_2 的波形和流过电阻的电流波形相同。当 SW 接上触点时，电容器的充电电流流过电阻器。但是，电容器内最初是没有电荷的，因此 V_2 为 0V，电阻器两端的电压为电源电压。此时，电容器以最大电流开始充电，由此开始储存电荷；而电阻器两端的电压开始下降，电流呈指数曲线向 0A 减小。

接下来，当 SW 接下触点时，电容器通过电阻器放电。在 SW 接通的瞬间，电容器两端的电压和电源电压相同，电阻器两端的电压和此电压相同。和充电开始时一样，只是电流方向相反。因此，电阻器两端产生的电压也是相反的。电容器开始放电时，电压呈指数曲线减小，因为反向电流也呈现相同的指数曲线向 0A 减小。此过程可用如下微分式表示：

$$V_2=R_{\mathrm{i}}=R\frac{\mathrm{d}q}{\mathrm{d}t}\,(i=\frac{\mathrm{d}q}{\mathrm{d}t})$$

这样的电路具有微分功能，因此被称为微分电路。

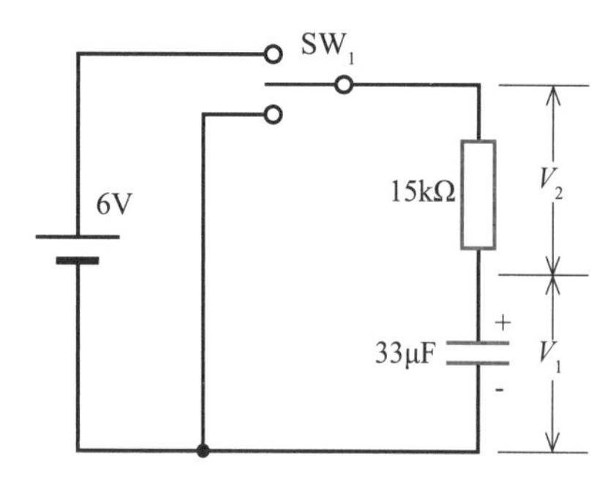

当 SW 接上触点，充电时：

$V_1+V_2=6V$

当 SW 接下触点，放电时，电源没有包含在回路中：

$V_1+V_2=0V$

电压波形图也证明这些式子成立。

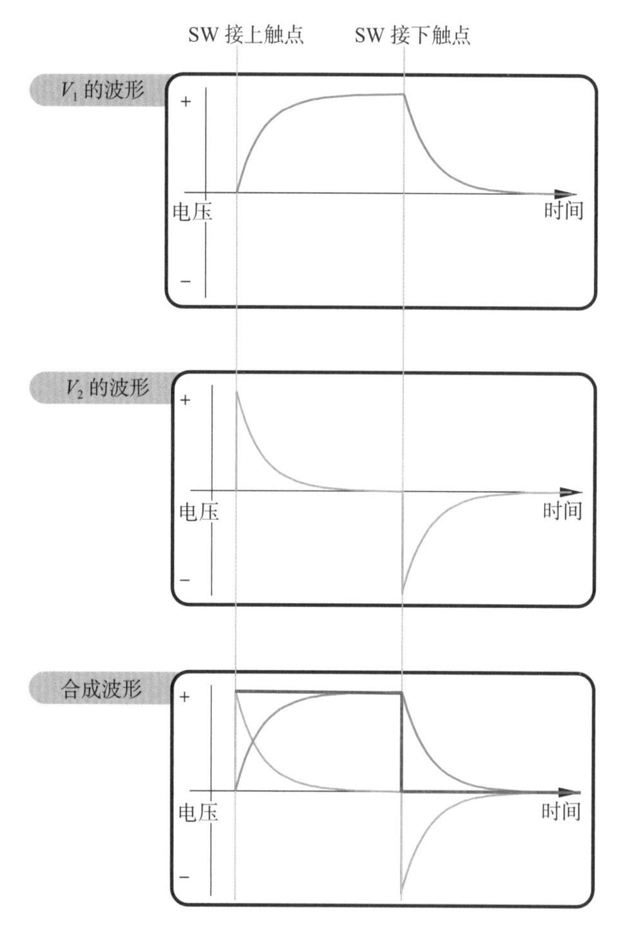

绿色的波形为 V_1，蓝色的波形为 V_2，两者合并后就成了红色的电压波形。

也就是说，当 SW 接上触点时，电容器充电，电源电压等于 6V；当 SW 接下触点时，电容器放电，电源电压为 0V——没有接电源。

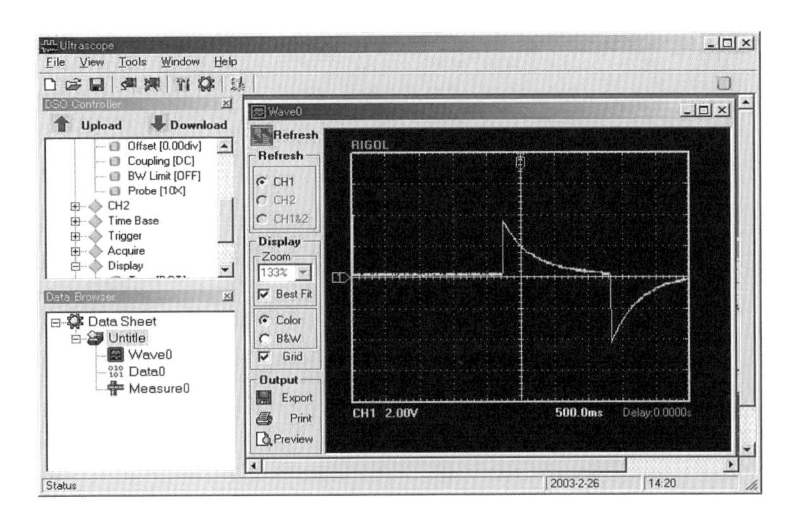

这是用示波器观测到的 V_2 的波形，可供参考。

充电时，正侧出现峰值电源电压，此后以指数曲线的形式减小。

放电时，负侧出现镜像的波形。

STEP 21　认识晶体管

终于要使用晶体管了。可能有人会想：晶体管的使用很复杂，这个时候就学晶体管？

但是，不仅 IC 中集成了晶体管，微控制器等也有很多使用晶体管的情况。因此，请务必掌握它的基本使用方法。

做一做

下面的电路和 STEP 15 中在一定时间内让 LED 点亮的电路相同。要想延长点亮时间，只需要增大 C 和 R。这样真的能延长吗？将 800Ω 电阻器更换为 200kΩ 电阻器，又会出现什么情况？

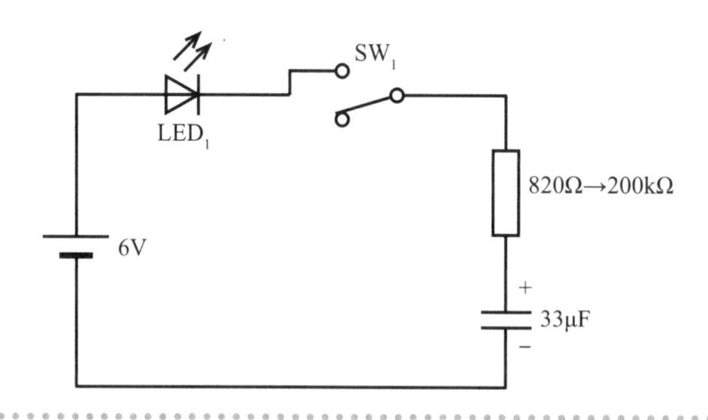

增大 C 和 R 的意思应该理解吧？

增大 C:增大电容量。在充电电流相同的情况下,充满电需要更长的时间。

增大 R：减小充电电流。这样也会延长充满电的时间。

最好进行实验验证。

先计算一下时间常数。

$$\tau = C \times R$$

由此可得，充电时间为

$$t = 33 \times 10^{-6} \times 200 \times 10^{3} = 6.6\ (\mathrm{s})$$

从计算结果来看，LED 会点亮 5s 以上。

但是，这里计算了时间常数，LED 点亮应该还有其他条件。对呀，还必须确认流过 LED 的电流。

LED 正向电压为 1.9V，电容器两端的电压为 0V 时，电阻器两端的电压大约为 4.1V。如此一来，可计算得知电流为 4.1V ÷ 200kΩ ≈ 20μA。这是最大电流，之后会逐渐减小。

普通 LED 的工作电流为 10mA，该电流明显是不够的。

这时就要用到晶体管了。

晶体管的种类和符号

晶体管有 3 个引脚，分别为 C（集电极）、B（基极）、E（发射极）。

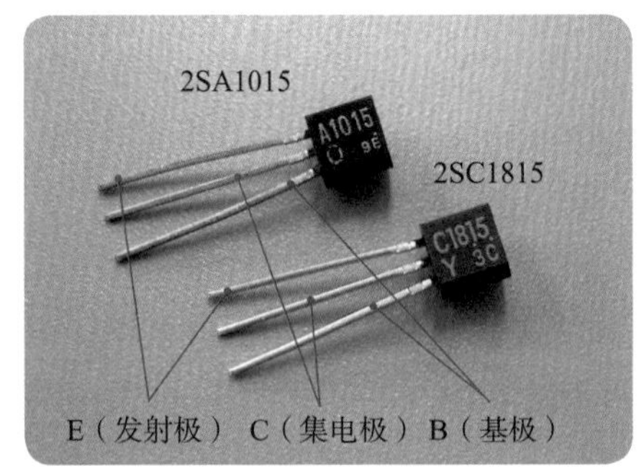

TO92 封装的外观

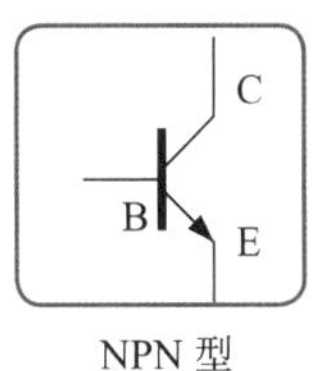

NPN 型

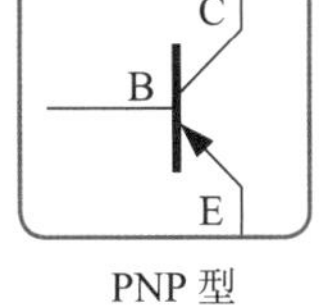

PNP 型

晶体管可分为 NPN 型和 PNP 型 2 种。无论哪种类型，带有箭头的引脚为发射极。并且，箭头的方向就是电流方向。

晶体管由 3 段半导体组成。N 代表负极，P 代表正极。

基极为中间层。

NPN 型晶体管的基极为 P 型半导体，电流由基极流向发射极。

相反，PNP 型晶体管的基极为 N 型半导体，电流由发射极流向基极。

在旧的 JIS 标准中，晶体管型号中“2SC”和“2SA”的含义如右图所示。但是，该标准已经废止。实际上，2SC1815 就是作为 NPN 型低频晶体管销售的。

2SA	PNP 型	高频
2SB	PNP 型	低频
2SC	NPN 型	高频
2SD	NPN 型	低频

STEP 22 晶体管的应用：定时器电路

那么，用晶体管来点亮 STEP 21 中的 LED 吧。

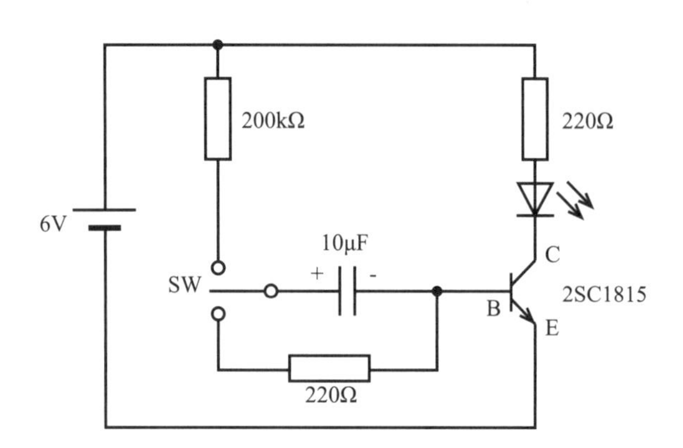

上图中的 2SC1815 就是晶体管，有 3 个引脚，分别是 C（集电极）、B（基极）、E（发射极）。

电源通过 200kΩ 电阻器对 10μF 电容器充电，电流从晶体管的基极流入、发射极流出。

晶体管的基极和发射极之间，如二极管一样，电流只能按箭头方向流动。

晶体管的功能为电流放大：集电极 – 发射极电流可以是基极 – 发射极电流的几十倍，甚至几百倍。

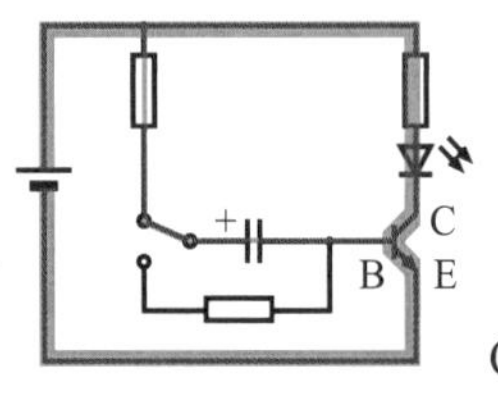

按照顺序来观察吧。

红线的粗细表示电流的大小。

① 当开关接上触点时，晶体管的 B–E 间流过电流，C–E 间流过电流。

电容器开始储存电荷。

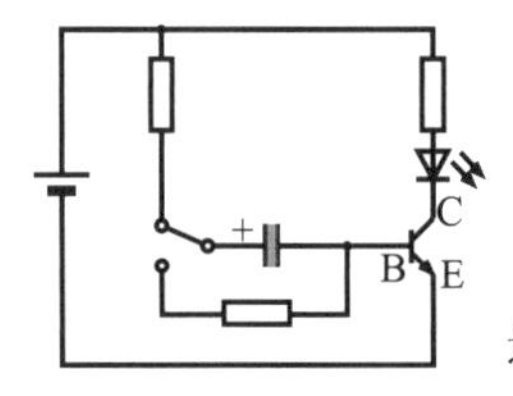

② 电容器存满电荷后，晶体管的 B–E 间无电流流过，C–E 间无电流流过。

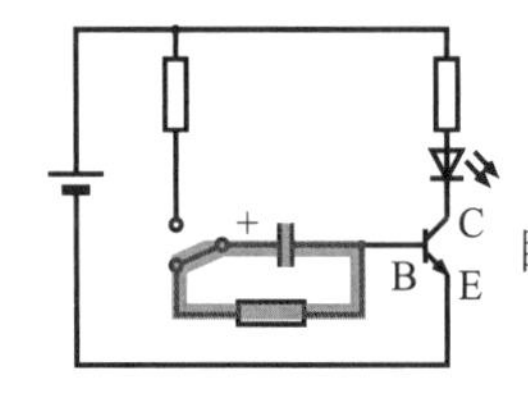

③ 当开关接下触点时，电容器通过 200Ω 电阻器瞬间放电。

实际完成下面的实物接线图，试着用套件进行制作。

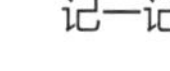

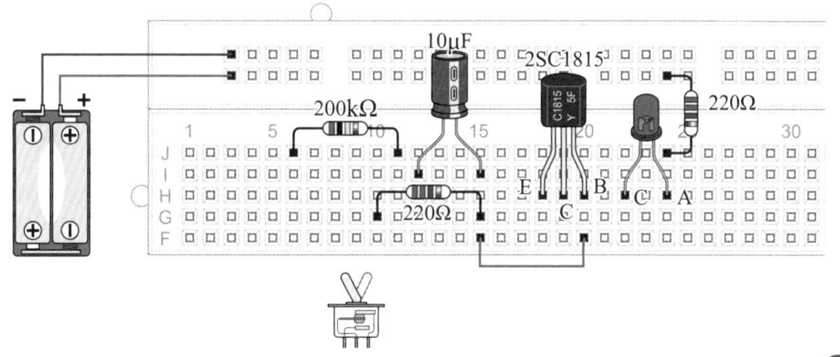

答案见书后

LED 是否会点亮？
流过 LED 和电容器的电流为多少安？用万用表测量一下。

利用晶体管的功能，可以调节 LED 的点亮时间。因此，可将此电路称作为定时器电路。

下面是另一种定时器电路。当开关接上触点时，电容器开始充电。此时是通过 220Ω 电阻器充电，可谓瞬时。

当开关接下触点时，电容器通过 200kΩ 电阻器和晶体管的基极放电。在此期间，LED 点亮。

如果可以，请利用套件完成此电路的制作。

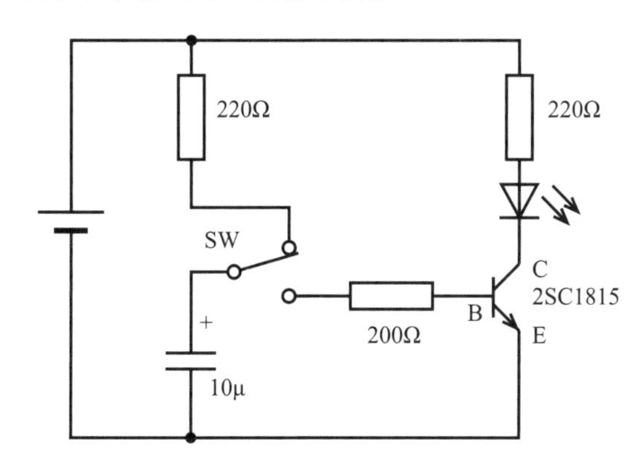

STEP 23　晶体管的应用：电流放大电路

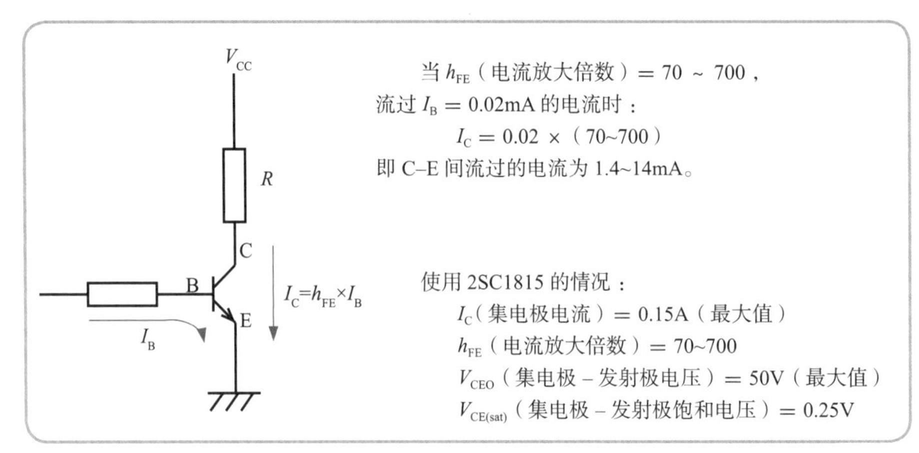

以上图中的 NPN 型晶体管为例，说明电流放大原理。集电极电流 I_C 为基极电流 I_B 的 h_{FE} 倍。

此处的电流放大倍数 h_{FE}，即使是相同的晶体管，也存在偏差。2SC1815 的 h_{FE} 为 70 ~ 700。

所谓电流放大：输入端基极的输入电流为小信号电流，输出端集电极的输出电流为输入电流的 h_{FE} 倍。

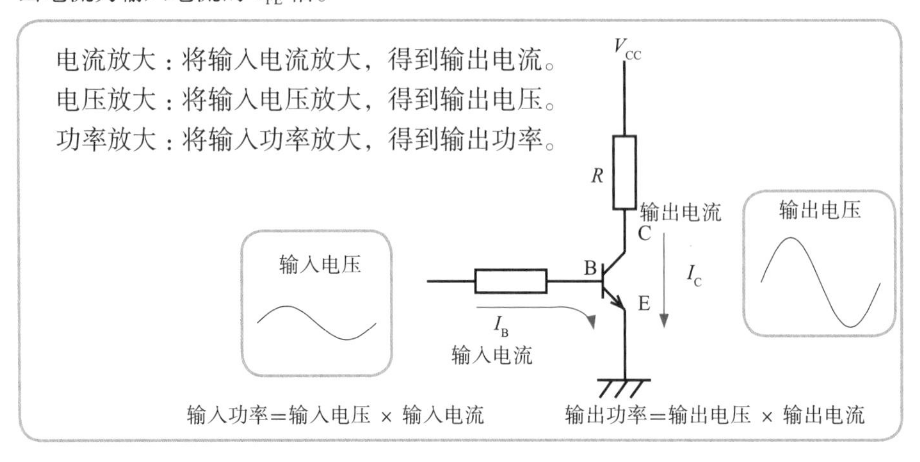

除了放大电流，还可以放大电压和功率。通过增减流过负载电阻器 R 的电流，可以改变电阻器两端的电压。着眼于此，电流放大电路也可以用于电压放大。

另外，功率是电压和电流的乘积，电流放大倍数和电压放大倍数的乘积，便是功率放大倍数。

将通过话筒输入的声音放大到驱动扬声器的功率，称为功率放大。之所以这么说，是因为将声音转换成电压信号让扬声器振动，也可以称为电压放大。

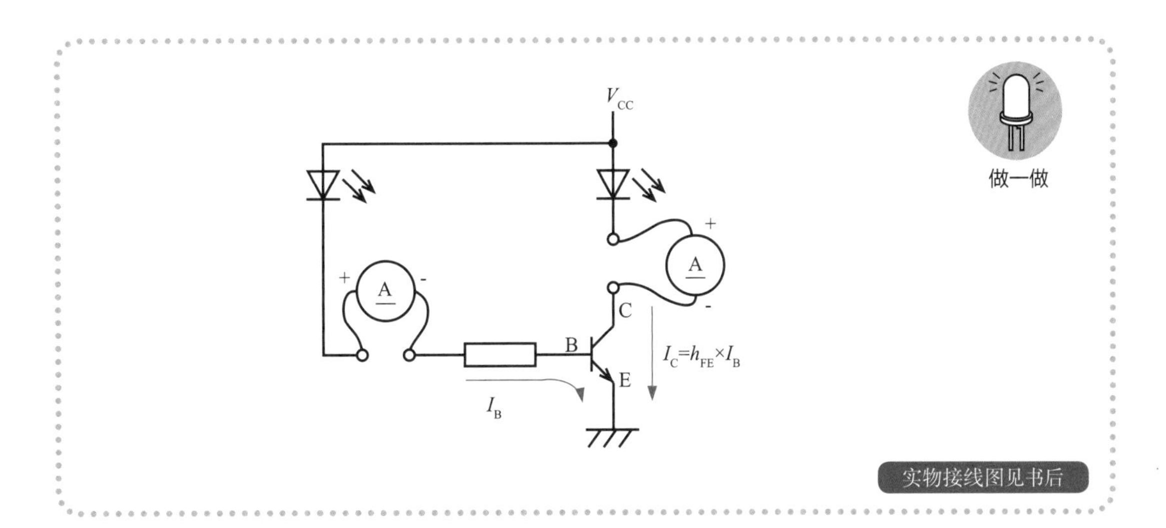

上图是一种简单的电流放大电路。圆圈内的英文字母“A”表示电流。电源电压接近 6V 即可。

不断调节连接在基极的 200kΩ 电阻器，然后比较连接基极的 LED 和连接集电极的 LED 的亮度情况。

如此一来，应该可以亲身感受到电流放大。

① 200kΩ 电阻器内流过了多大的基极电流？

② 此时的集电极电流是多大？

③ 将 200kΩ 电阻器更换为几百欧的电阻器，又将如何变化？

将连接集电极的 LED 更换成直流电机，改变连接基极的电阻器，电机转速将发生变化。

这也是放大功能的一种应用。

STEP 24　晶体管的应用：LED 调光电路（1）

想一想

下图为将 STEP 22 的电阻器替换为可变电阻器的电路。

可变电阻器在 STEP 03 中介绍过，还有印象吗？请提前确认。

注意：下面的两种电路是不同的。

两种电路的差异仅在于可变电阻是否接地，但是在功能上是否存在差异？

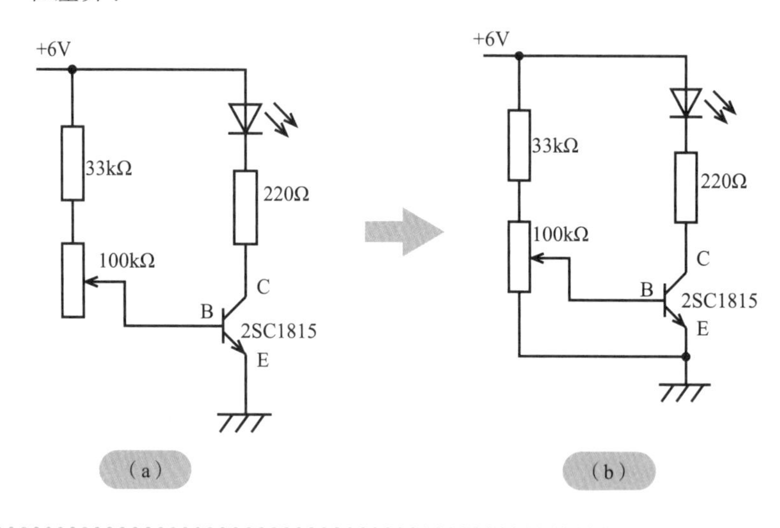

做一做

如果实在想不明白，那就动手做一做。

用套件实际制作一下，看看是什么现象。

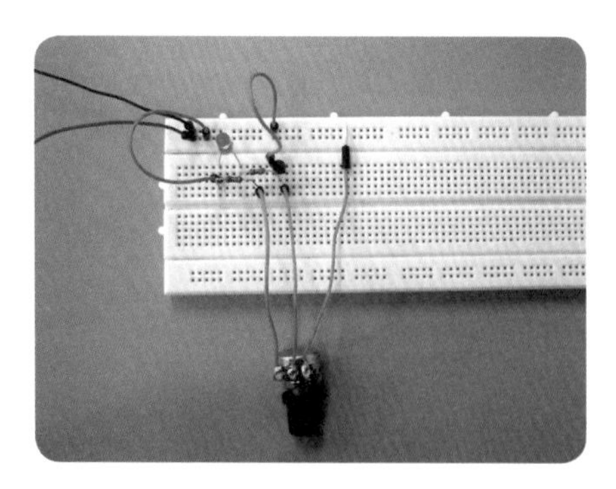

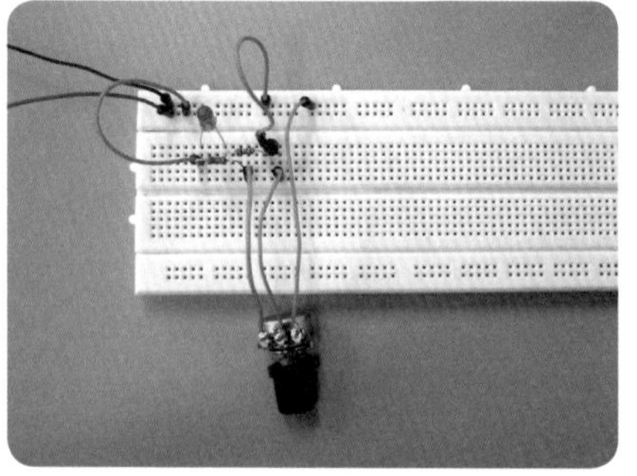

实物接线图见书后

（a）电路中的 LED 不能熄灭，因为基极电流无法为零。尝试改变可变电阻器的值，计算最大及最小的基极电流。假设 2SC1815 的集电极 – 发射极正向电压为 0.6V，最大基极电流为 163μA。当可变电阻器的阻值为 100kΩ 时，计算最小基极电流为 40μA。因此，即使基极电流减小到 1/4，LED 也不会熄灭。

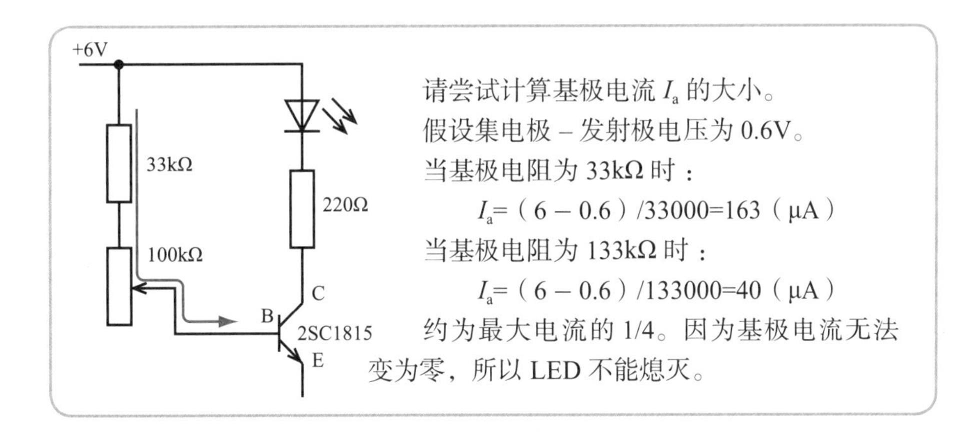

请尝试计算基极电流 I_a 的大小。

假设集电极 – 发射极电压为 0.6V。

当基极电阻为 33kΩ 时：

I_a=（6 – 0.6）/33000=163（μA）

当基极电阻为 133kΩ 时：

I_a=（6 – 0.6）/133000=40（μA）

约为最大电流的 1/4。因为基极电流无法变为零，所以 LED 不能熄灭。

（b）电路中的基极电位可以变为地电位，所以可以使基极电流为零，LED 可以熄灭。

那么，这种情况下的最大基极电流会变为多少？当基极电阻器仅为 33kΩ 时，流过它的电流为 163μA。实际上，并不是所有的电流都流过基极，部分电流流过 100kΩ 可变电阻器。通过计算得知，流过可变电阻器的电流为 6μA，所以流过基极的电流变为 157μA。

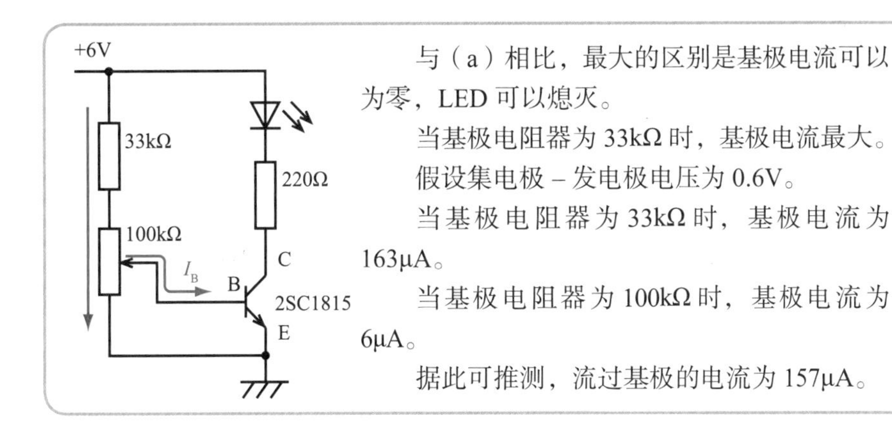

与（a）相比，最大的区别是基极电流可以为零，LED 可以熄灭。

当基极电阻器为 33kΩ 时，基极电流最大。

假设集电极 – 发电极电压为 0.6V。

当基极电阻器为 33kΩ 时，基极电流为 163μA。

当基极电阻器为 100kΩ 时，基极电流为 6μA。

据此可推测，流过基极的电流为 157μA。

STEP 25 晶体管的应用：LED 调光电路（2）

想一想

下图是在 STEP 24 的基础上稍作修改后的电路。

两个电路都可实现 LED 调光，区别仅在于 LED 接集电极，还是接发射极。

功能上是否存在差异？

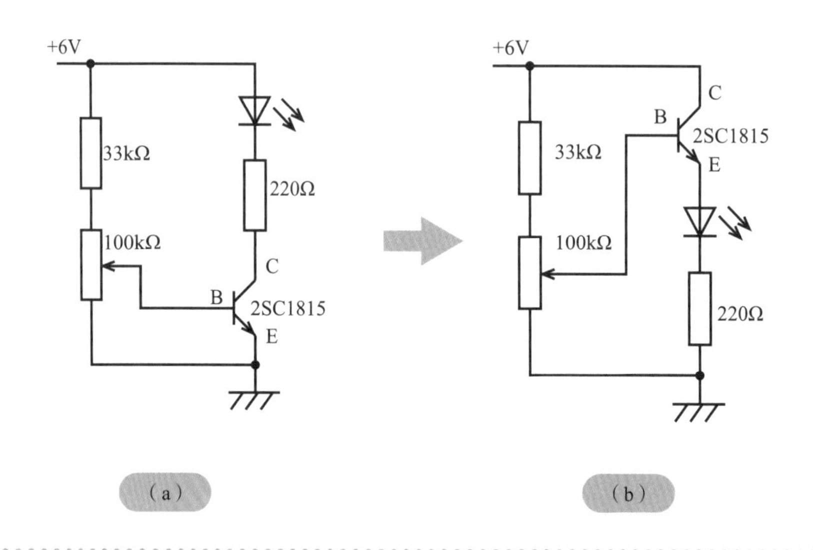

做一做

如果实在想不明白，那就动手做一做。

用套件实际制做一下，看看是什么现象？

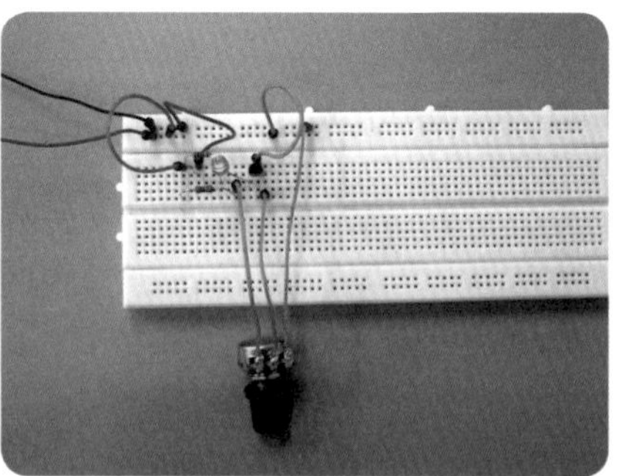

实际接线图见书后

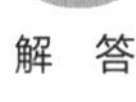

（a）为发射极接地方式，（b）为集电极接地方式。

作为放大电路，两者的功能相同，完全没有区别。

（a）是一直在讲解的电路。基极 – 发射极输入信号，集电极 – 发射极输出信号。输入、输出共用发射极。说到接地，其实就是发射极连接地线，虽然实际上也是这样的，但是要记住输入、输出的共用引脚为发射极。

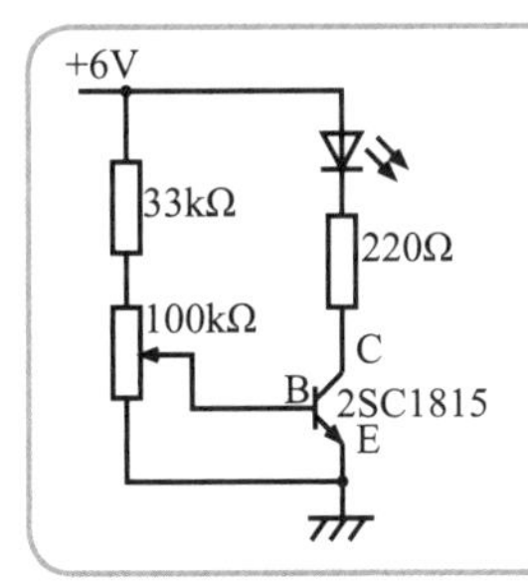

这是 STEP 24 中使用过的电路。经过计算，基极电流为 0~160μA。电流放大倍数为 200 时，估计 LED 中流过大约 32mA 的电流。

这便是发射极接地方式的晶体管放大电路。

（b）为集电极接地方式，但是集电极与电源连接在一起——这与 +6V 接地（0V），地接 –6V 的功能是相同的。虽然容易使人误解，但是用心观察会发现：输入为基极 – 集电极，输出为发射极 – 集电极，共用集电极接地。虽然一般使用发射极接地方式，但是集电极接地方式具有输入阻抗大的优点。如果发射极接地方式的基极电流为 163μA，发射极接地方式的基极电流不到其 1/5——30μA 也是可以理解的。根据基极电流的计算方式可知，这种方式对提高负载压降很有效。关于输入阻抗，在 STEP 05 中介绍过，请复习一下。

对此电路进行实测发现，通过 LED 的最大电流为 6mA，最大基极电流为 30μA（电流放大倍数为 200）。为什么会变成这样？当基极电阻器仅为 33kΩ 时，基极电流最大。那么，最大值是多少？

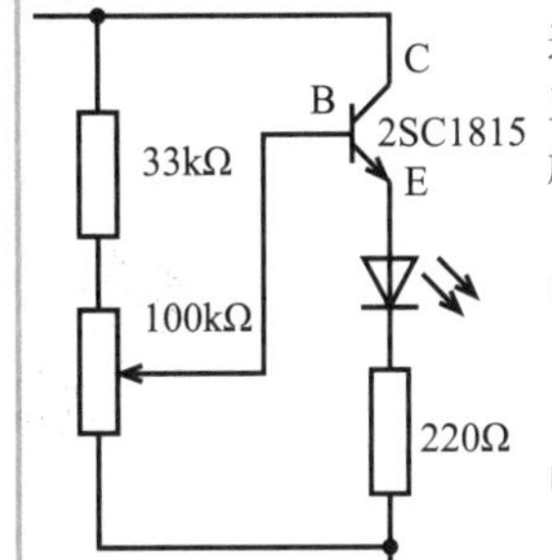

将未知的基极电流记为 I_a（mA），将流过 100kΩ 可变电阻器的电流记为 I_R（mA），流过 33kΩ 电阻器的电流为 I_a 和 I_R 之和。这样，下式成立：

33 ×（I_a+I_R）+VBE+VLED+0.22 × I_a × h_{FE}=6V

（h_{FE} 为电流放大倍数）

这里，V_{BE} 为基极 – 发射极电压，实测值为 0.6V；V_{LED} 为 LED 的正向电压，实测值为 1.9V；0.22 × I_a × h_{FE} 虽然为 220Ω 电阻器两端施加的电压，但是实测值为 1.1V。

由这 3 个实测值可知，100kΩ 电阻器两端施加的电压为 V_{BE}+V_{LED}+0.22 × I_a × I_B × h_{FE}，即 0.6+1.9+1.1=3.6（V）。

I_R=3.6V ÷ 100kΩ=0.0367mA=36μA

据此，根据 33kΩ 电阻器两端施加的电压（6V-3.6V=2.4V）及电流、电阻的关系，有：

（I_R+I_B）× 33kΩ=2.4V

I_a ≈ 2.4V ÷ 33kΩ–0.036mA=0.0367mA=36.7μA

STEP 26　晶体管的应用：LED 调光电路（3）

想一想

左图中的固定电阻器和可变电阻器的组合可替换为右图中的可变电阻器。

它们在功能上是否存在差异？

如果可以理解，就能看出串联固定电阻器的作用。

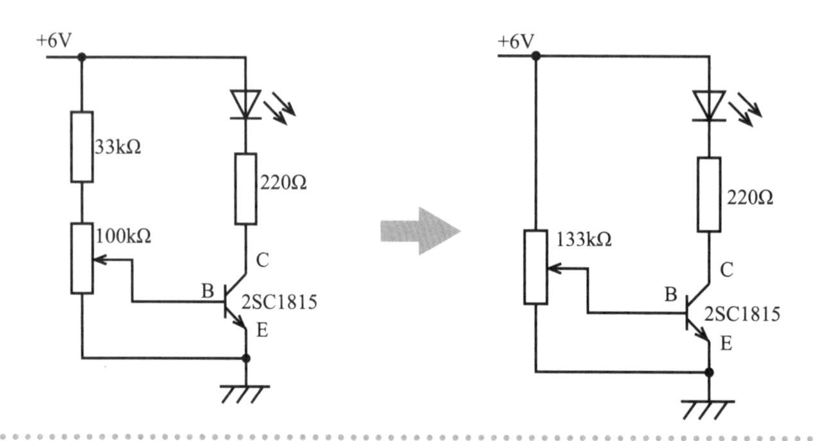

注意：使用套件进行下面的实验非常危险！
请认真阅读下面的说明。

解　答

如果没有串联固定电阻器，调节可变电阻器的阻值近零时，就会发生问题。

电源直接经基极对地的电流会损害晶体管。

2SC1815 的最大额定电流为 50mA。尝试对旧型号晶体管 2SC372 的基极－发射极直接施加 6V 电压。实验时伴随“啪”的声音，晶体管裂为两半，碎片也飞了出来（由于是意料之外，所以当时吃了一惊）。另外，可变电阻器也存在烧坏的风险。

假设可变电阻器的阻值变为 1.0Ω，那么施加 6V 时的电流为 6A，消耗功率大约为 30W。晶体管当然无法承受。

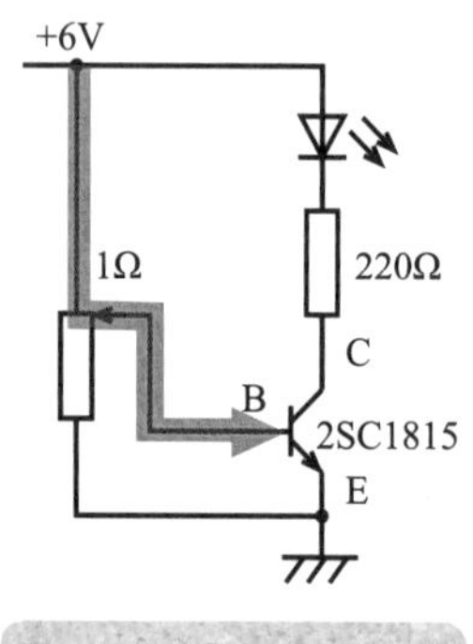

损坏的晶体管 2SC372

下面说明 LED 串联电阻器的作用。
下面的两个电路在功能上的有什么区别?

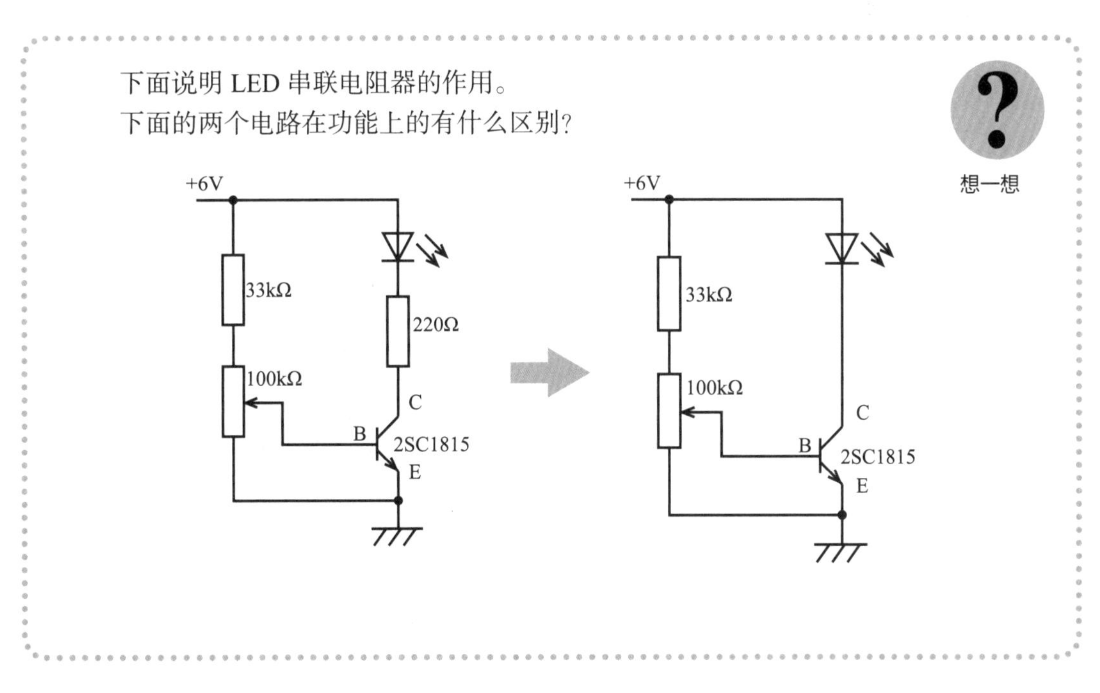

注意：使用套件进行下面的实验非常危险。
请认真阅读下面的说明。

三极管可以看作一个开关。在 LED 串联 220Ω 电阻器的状态下，当开关接通时，计算得知电流为 18.6mA。

晶体管基极电流较大，集电极就会流过过大的电流，可能造成晶体管损坏。当 LED 串联电阻器后，即使集电极 – 发射极导通，LED 也不会损坏。

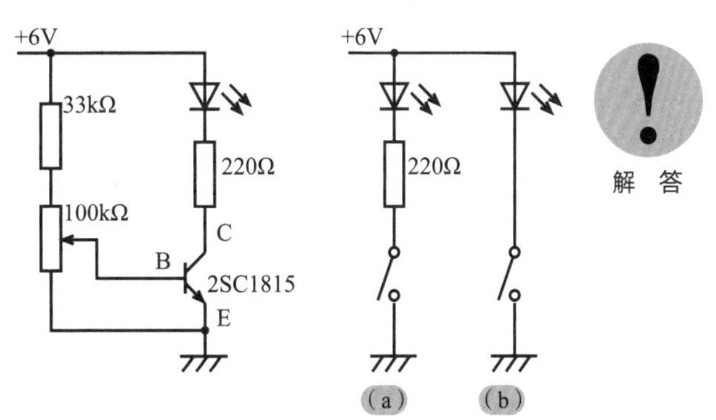

三极管流过最大电流时，可单纯地看作开关。因此，（b）中的 LED 会烧坏；（a）中流过的电流为

（6–1.9）/220=18.6mA

LED 安全。

对电路设计而言，安全性方面的考虑尤为重要。

STEP 27 晶体管的特性表

TOSHIBA 2SC1815

东芝晶体管　硅 NPN 外延型（PCT 式）

2SC1815

○低频电压放大用

○激励放大用

单位：mm

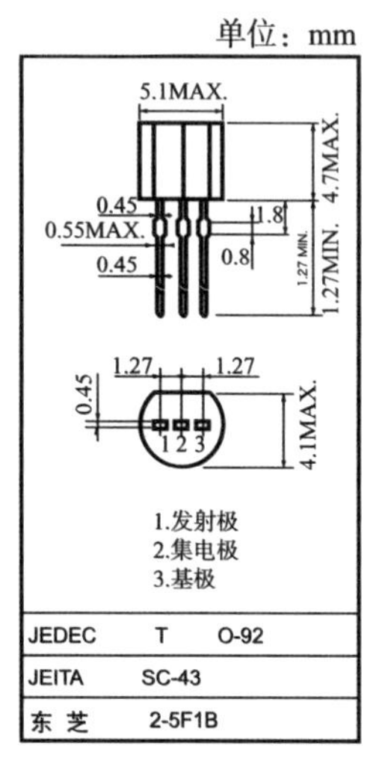

高耐压、大电流：

V_{CEO}=50V(最小)，I_C=150mA(最大)

直流电流放大倍数的电流依存性好：

$h_{FE(2)}$=100（标准）(V_{CE}=6V，I_C=150mA）

h_{FE}(I_C=0.1mA)/ h_{FE}(I_C=2mA)=0.95(标准)

适用于 P_O=10W 的晶体管放大及一般开关。

低噪声：NF=1dB（标准）(f=1kHz)。

与 2SA1015 互补（O、Y、GR 等级）。

最大额定值（T_a=25℃）

项目	符号	额定值	单位
集电极－基极电压	V_{CBO}	60	V
集电极－发射极电压	V_{CEO}	50	V
发射极－基极电压	V_{EBO}	5	V
集电极电流	I_C	150	mA
基极电流	I_B	50	mA
集电极损耗	P_C	400	mW
结温	T_j	125	℃
存放温度	T_{stg}	-55～125	℃

电气特性（T_a=25℃）

项目	符号	测量条件	最小值	典型值	最大值	单位
集电极截止电流	I_{CBO}	V_{CB}=60V，I_E=0	–	–	0.1	μA
发射极截止电流	I_{CEO}	V_{EB}=5V，I_C=0	–	–	0.1	μA
直流电流增益	$h_{FE(1)}$	V_{CE}=6V，I_C=150mA	70	–	700	–
	h_{FE}	I_C=100mA，I_B=10mA	25	100	–	
集电极－发射极饱和电压	$V_{CE(sat)}$	I_C=100mA，I_B=10mA	–	0.1	0.25	V
基极－发射极饱和电压	$V_{BE(sat)}$	V_{CE}=10V，I_C=1mA	–	–	1.0	V
晶体管特征频率	f_T	V_{CE}=10V，I_C=1mA	80	–	–	MHz
输出电容	C_{ob}	V_{CE}=10V，I_E=0，f=1MHz	–	2.0	3.5	pF
基区扩展电阻	$r_{bb'}$	V_{CE}=10V，I_E=-1mA，f=30MHz	–	50		Ω
噪声系数	NF	V_{CE}=6V，I_C=0.1mA，f=1MHz，R_G=10k	–	1	10	dB

$h_{FE(1)}$分类：O代表70～140，Y代表120～240，GR代表200～400，BL代表350～700。

通过网络可以轻松收集到各种资料。上图是从东芝半导体公司的网站下载的 PDF 资料中的一部分。可见，2SC1815 的主要用途为低频电压放大，具有高耐压、大电流等优点。

最大额定值即任何时候都不能超过的值。

上表中存在电压、电流、集电极损耗、温度 4 种最大额定值。其中的集电极损耗可能难理解。集电极损耗的单位为 mW（毫瓦），也就是用功率表示。晶体管消耗电能，电能转化成热能，使晶体管发热。这会导致晶体管温度升高，晶体管损坏。所以，晶体管原则上应在安全温度范围内使用。

集电极 - 基极电压

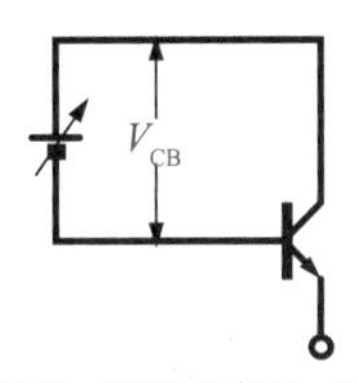

经确认，慢慢升高 V_{CC} 到 60V 时，2SC1815 的集电极截止电流最大只能为 0.1μA。但是，超过此电压值时，电流就会迅速增大，造成晶体管损坏。

虽然 V_{CB} 的最大值为 60V，但是当基极接地时，电压要降到 60V 以下。

特别要注意的是，这些值均是在环境温度为 25 ℃（T_a=25 ℃）时的最大值。据此，即便在额定范围内，如 V_{CE} 为 3V，I_c 为 100mA，在 300mW 的功率下，晶体管的温度也会上升。所以只能在环境温度低于 50℃的条件下使用。

一般来说，应综合考虑这些电压与集电极电流 I_C、集电极损耗 P_C、直流电流放大倍数 h_{FE} 的关系。

集电极 - 发射极电压

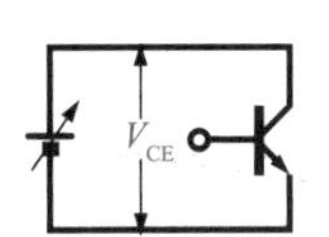

慢慢升高 V_{CC} 到 50V，超过此电压时，集电极 – 发射极电流会迅速增大，造成晶体管损坏。

在发射极接地（或集电极接地）的情况下，当 V_{CE} 为 50V 时，V_{CB} 会变得更低。

发射极 - 基极电压

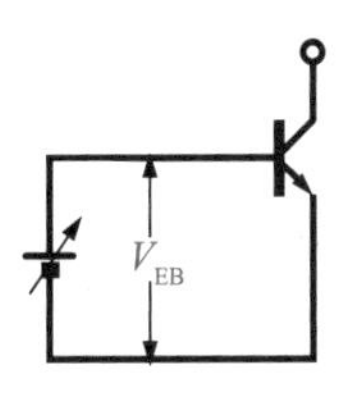

V_{EB} 为集电极开路状态下，发射极 – 基极所能承受的最大反向电压。虽然发射极 – 基极间通常采用正向偏压，但是电路上也会出现施加反向电压的可能性，因此需要控制在此电压以下。

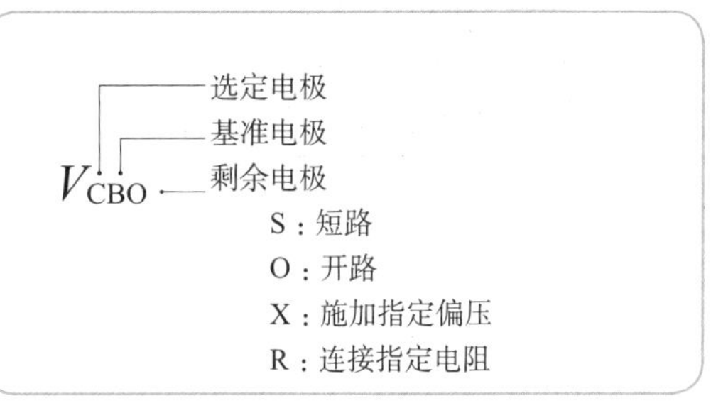

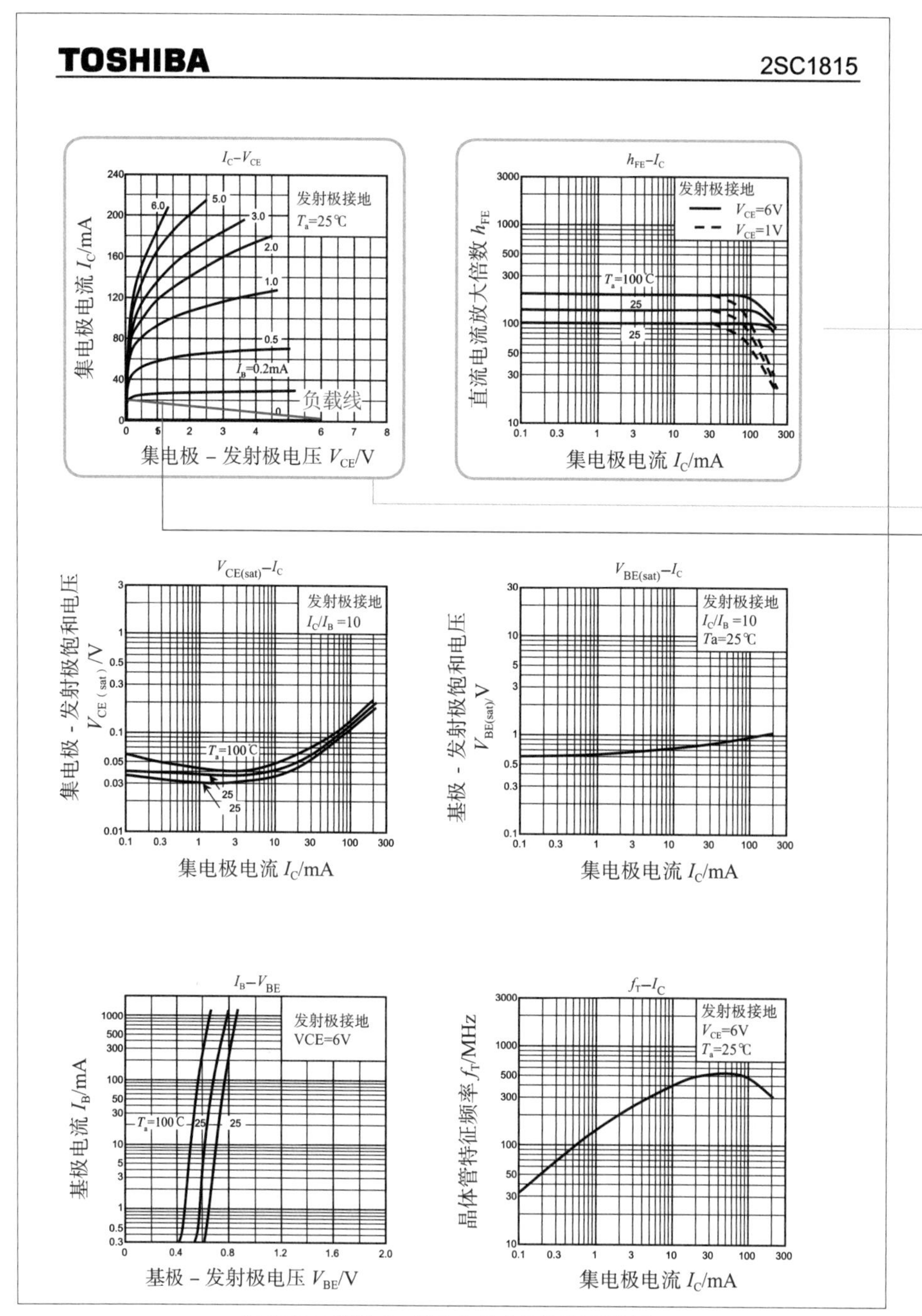

（2SC1815 特性表，摘自东芝半导体公司网站）

上页的图表被称为特性图。

● 集电极电流特性图体现了电流放大倍数与集电极电流的关系。由图可见，当集电极电流不超过 30mA 时，电流放大倍数相对于集电极电流的变化呈稳定态势，而对温度的变化更敏感。

● 直流电流放大倍数特性图体现了集电极－发射极电压与集电极电流的关系。请看下面的电路。

当基极没有电流流过时，V_{CE} 为 6V，可以认为耐压为 6V。但是，电路中连接的 LED 负载的正常工作压降为 1.9V，对应的最大 V_{CE} 为 4.1V。因此，当基极电流充足、V_{CE} 为 0V 时，集电极电流为 4.1V ÷ 220Ω=18.6mA。

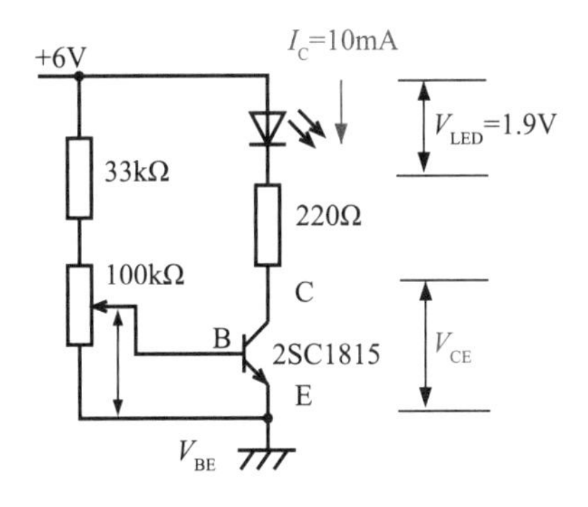

● 将这两点连起来，就是集电极电流特性图中的红色直流负载曲线。

再次确认电路图。当 I_C 为 10mA 时，V_{CE} 变为 1.9V。

也就是说，使集电极－发电极电压下降的集电极损耗 P_C，变成热后被消耗了。计算可知集电极损耗为 19mW，即使环境温度为 100℃，问题也不大。

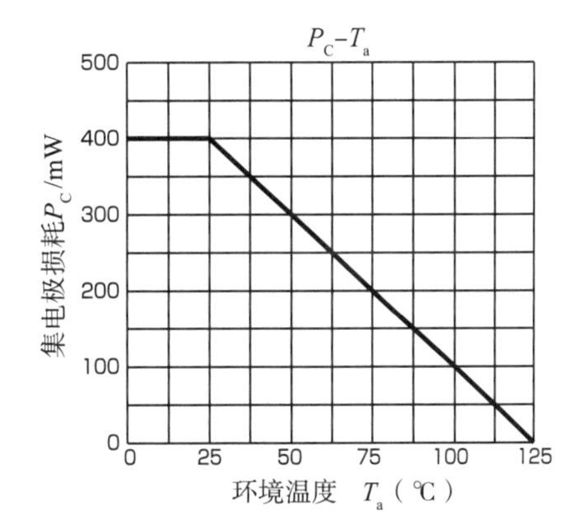

V_{CEmax}、I_{Cmax}、P_{Cmax} 围成的区域，被称为安全工作区（Area of Safe Operation，ASO）。

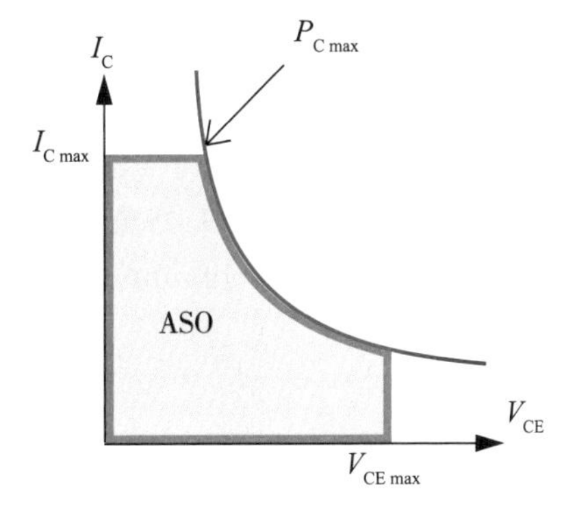

STEP 28 晶体管的应用：CdS 光敏电阻

试着制作一个电路，当环境变暗时点亮LED。除了利用晶体管，这里还利用 CdS 光敏电阻作为光传感器。这种传感器的阻值会因感光量的不同而改变，在荧光灯下测得的实际阻值是 800Ω，被遮光物遮住时的阻值可达 200MΩ 以上。可以考虑设计一个电路，测量实际使用环境下的阻值。

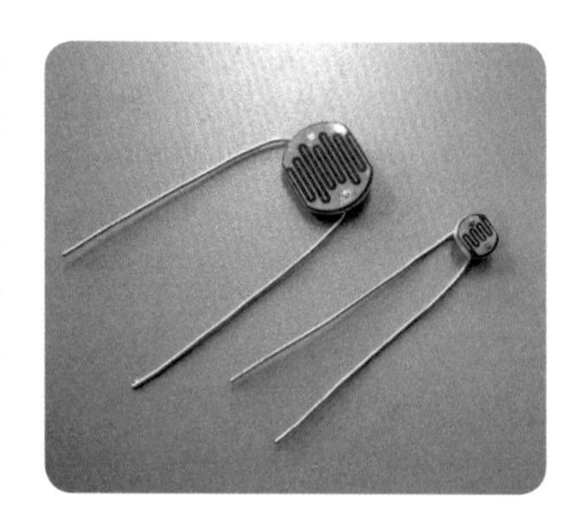

对比用可变电阻器制作的电路（左）和用光敏电阻制作的电路（右）。只是将可变电阻器换成了光敏电阻，就产生了如此大的作用。请利用套件试着做一做。

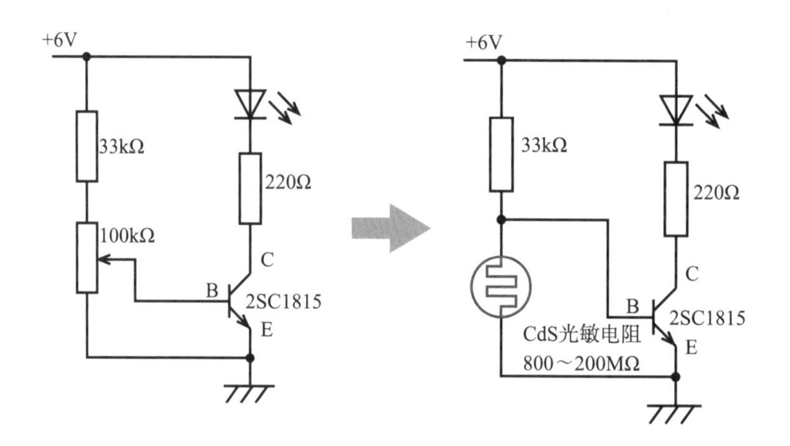

完成制作后，请对实际情况进行确认。
LED 是什么状态？
此时，CdS 光敏电阻的阻值为多少？
V_{BE} 的值是多少？

实物接线图见书后

LED 点亮时，CdS 光敏电阻的阻值为 800Ω，可以测得基极 – 发射极电压为 6 × 800/（33000+800）≈ 0.14（V）

根据特性图可知，当环境温度为 25℃时，如果基极 – 发射极电压低于 0.5V，其间不会有基极电流流过。也就是说，LED 不会点亮。这里，点亮 LED 的道理与使电机运转、使蜂鸣器发声是一样的。

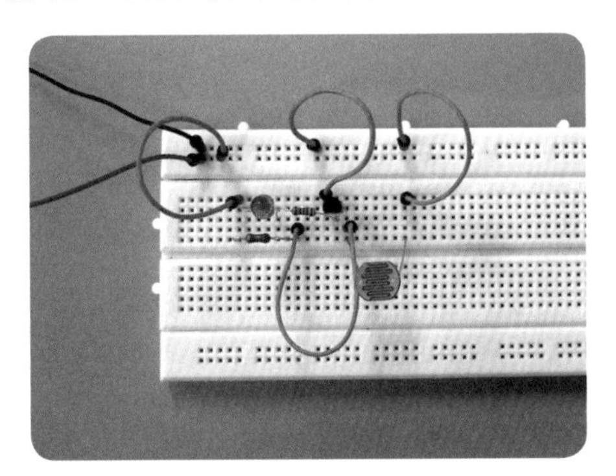

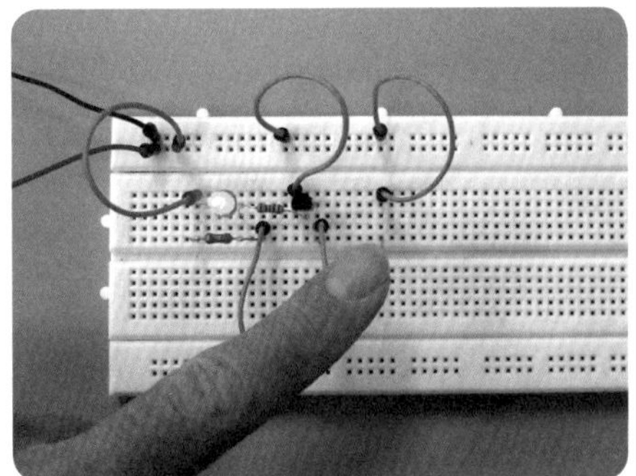

直接用万用表测量 CdS 光敏电阻的阻值。
怎样才能使 CdS 光敏电阻完全不见光？想想办法。

注意：CdS 光敏电阻中含有镉这种有毒物质。
为了防止发生危险，请严格遵守以下事项。
· 废弃 CdS 光敏电阻时，请将其归为有害垃圾进行恰当处理。
· 不要对 CdS 光敏电阻进行焚烧、破坏、切割、粉碎或化学分解。

STEP 29 晶体管的应用：达林顿电路

在 STEP 28 的电路中，只有 1 个 LED 点亮。如果要点亮下图中的那么多 LED，应该怎样做?

2SC1815 的最大集电极电流为 150mA，点亮 4 个 LED 应该没有问题。但是，受 33kΩ 电阻器的影响，基极电流变为 160μA。就算电流放大系数为 200，集电极电流也只有大约 32mA。

将 32mA 电流分摊到 4 个 LED，每个 LED 的电流为 32 ÷ 4=8mA。

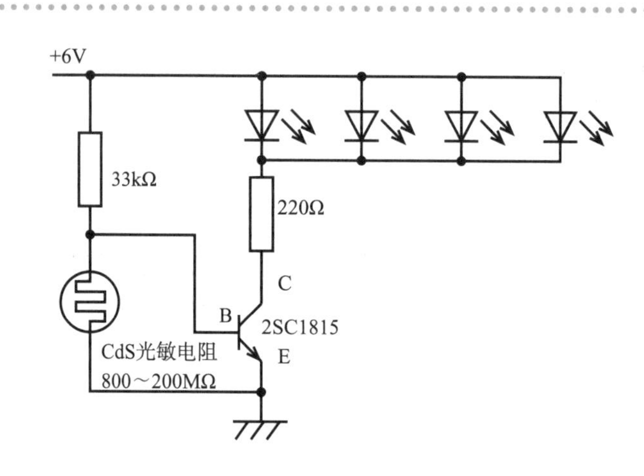

实际用套件制作电路，进行实验！

实物接线图见书后

使用大电流放大系数的高灵敏度晶体管可以解决这个问题，但是套件中没有配置该器件（因为有点贵）。

不过，使用 2 个便宜的晶体管进行组合，也可以起到高灵敏度晶体管的作用！

这种组合方式就是达林顿接法。它可以使 2 个晶体管的电流放大倍数叠加。虽然基极电阻器为 200kΩ，基极电流只能为 18μA，但是集电极电流将达到 220mA。当然，增加 47Ω 限流电阻后，实际电流也可以控制在 100mA 以下。

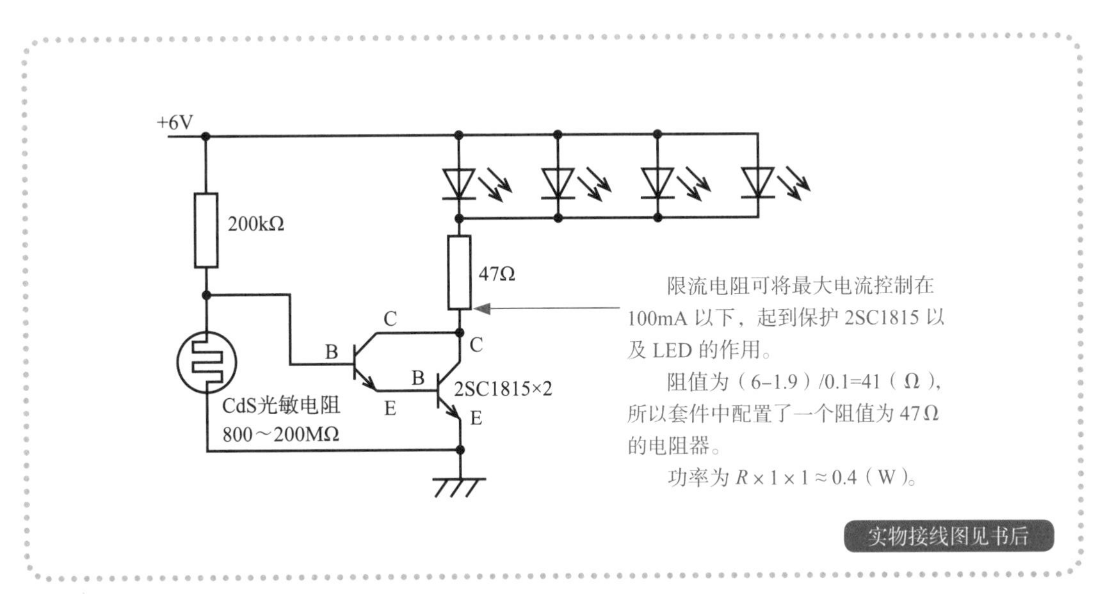

此时的电流放大倍数为多少？
200 × 200=40000！并不是单纯地将 2 个晶体管相叠加的结果。
集电极电流超过 30mA 时，放大倍数会大幅降低。
实际测量试试，集电极电流是基极电流的多少倍？

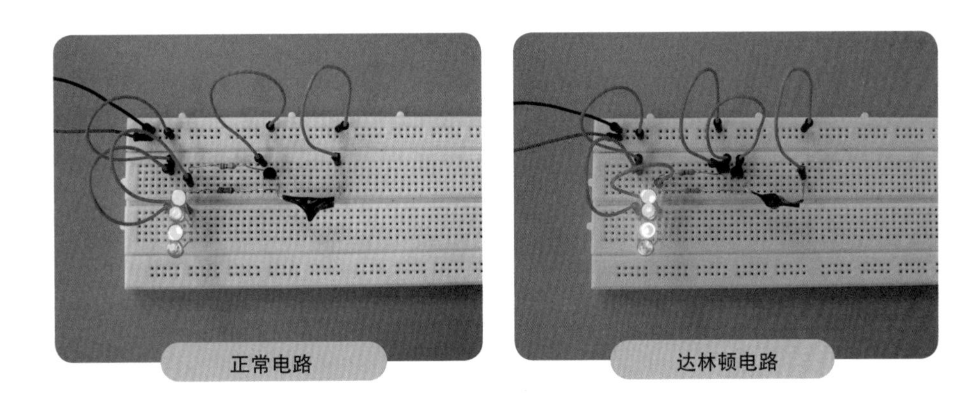
正常电路　　达林顿电路

上图中的 CdS 光敏电阻被黑色绝缘胶布遮盖住了。

STEP 30　晶体管的应用：直流电机控制（1）

这次，我们让直流电机动起来。这里选用普通的有刷直流电机。我们身边的汽车模型使用的就是这种电机。

做一做

虽然称为直流电机控制，但其原理极其简单。

将原来电路中连接 LED 和电阻器的部分换成电机。因为有 33kΩ 电阻器的存在，通过电机的电流很小。增大通过电机的电流时，转矩就会增大。提高施加电压，转速就会升高。

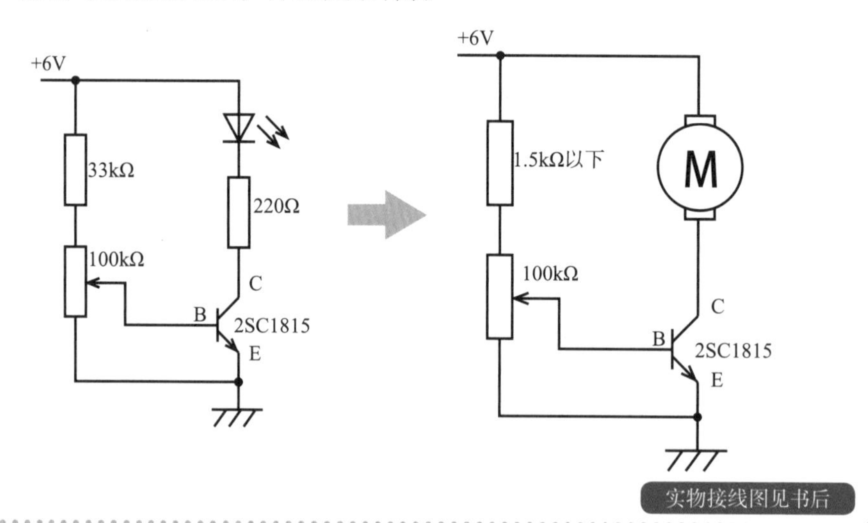

实物接线图见书后

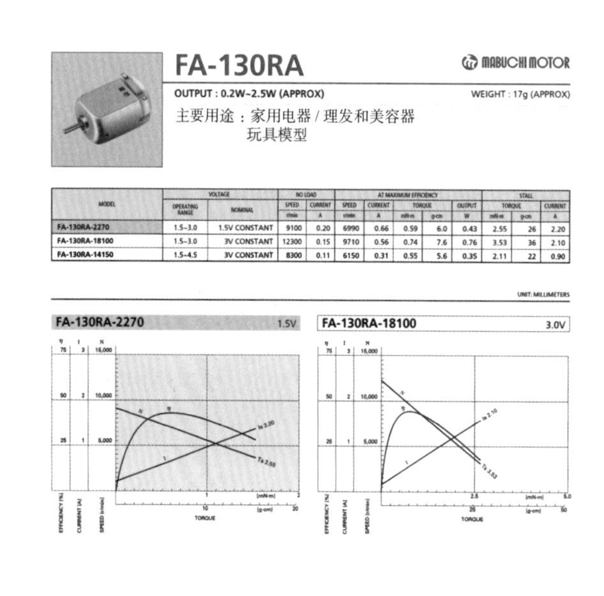
FA-130RA

MABUCHI MOTOR

OUTPUT : 0.2W~2.5W (APPROX)　　WEIGHT : 17g (APPROX)

主要用途：家用电器 / 理发和美容器
玩具模型

MODEL	VOLTAGE		NO LOAD		AT MAXIMUM EFFICIENCY					STALL		
	OPERATING RANGE	NOMINAL	SPEED	CURRENT	SPEED	CURRENT	TORQUE		OUTPUT	TORQUE		CURRENT
			r/min	A	r/min	A	mN·m	g·cm	W	mN·m	g·cm	A
FA-130RA-2270	1.5-3.0	1.5V CONSTANT	9100	0.20	6990	0.66	0.59	6.0	0.43	2.55	26	2.20
FA-130RA-18100	1.5-3.0	3V CONSTANT	12300	0.15	9710	0.56	0.74	7.6	0.76	3.53	36	2.10
FA-130RA-14150	1.5-4.5	3V CONSTANT	8300	0.11	6150	0.31	0.55	5.6	0.35	2.11	22	0.90

UNIT: MILLIMETERS

仔细观察上述电路就会发现，因集电极电流被控制，导致电机上施加的电压也受到了控制。实际选型时，要根据电机厂家的目录进行选择。左图截取至从万宝至公司网页下载的 PDF 文件。这款电机的空载转速为 9100r/min，可以说是相当高的转速了。一般情况下，负载转矩都小于额定转矩。一旦负载转矩过大，就会导致电流过大，以致烧毁电机。

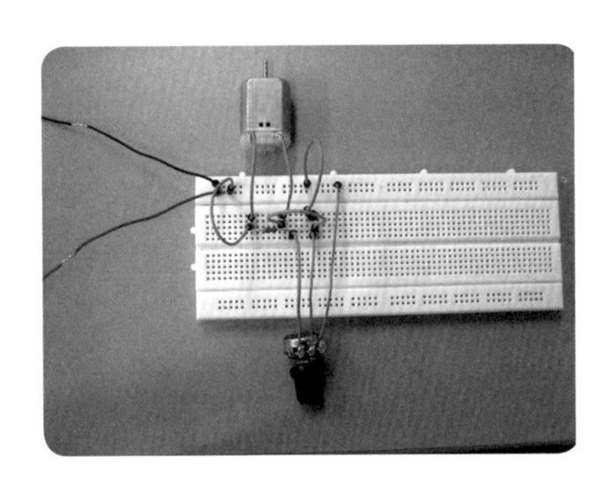

直流电机的特性

通电后，空载状态下的转速取决于电压。若负载转矩增大，则转速随之下降。使电机停转的转矩被称为失速转矩。启动后，负载转矩不小于失速转矩时，运转停止。此时，若不能减小负载转矩，就要提高施加电压，使失速转矩增大。

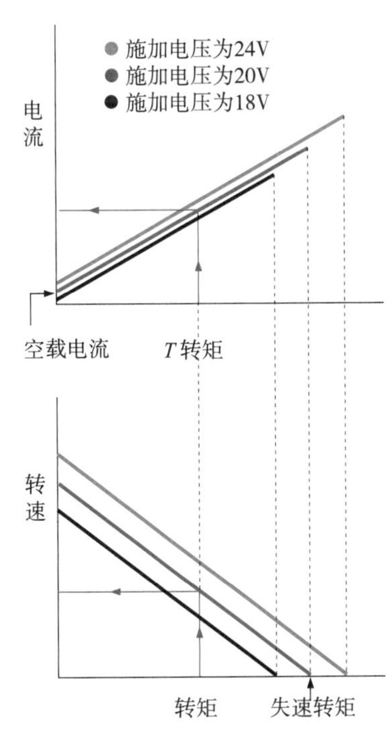

负载转矩增大时，电流就会增大。当供给电流与负载转矩达到平衡后，转速将不再变化。即使空载，电机中也会流过少许电流——空载电流。即使改变施加电压，空载电流的斜率不会发生变化。因此，当负载转矩与电压不变时，电流也不变。

当施加电压与供给电流一定时，负载转矩增大，转速下降。

转速为零时的转矩被称为失速（堵转）转矩。

空载转速大体上和施加电压成比例。

STEP 31　晶体管的应用：直流电机控制（2）

下面介绍电机的速度控制和正反转控制电路。

之前的 STEP 21 中介绍了 PNP 型晶体管的使用方法。

PNP 型与 NPN 型晶体管，都可以组成集电极接地电路或者发射极接地电路。

在电机正反转控制电路中，因为集电极电位不会变化，所以使用集电极接地电路。

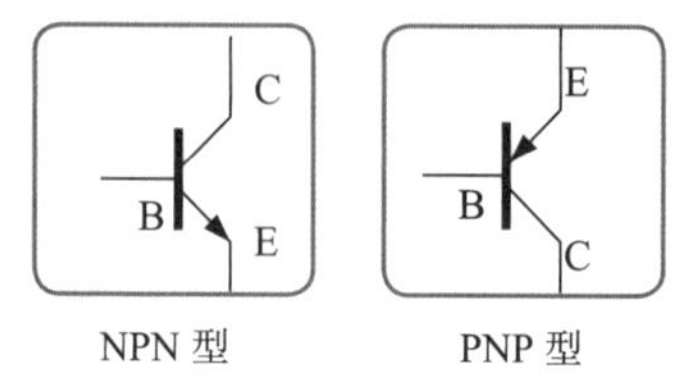

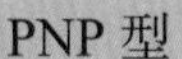

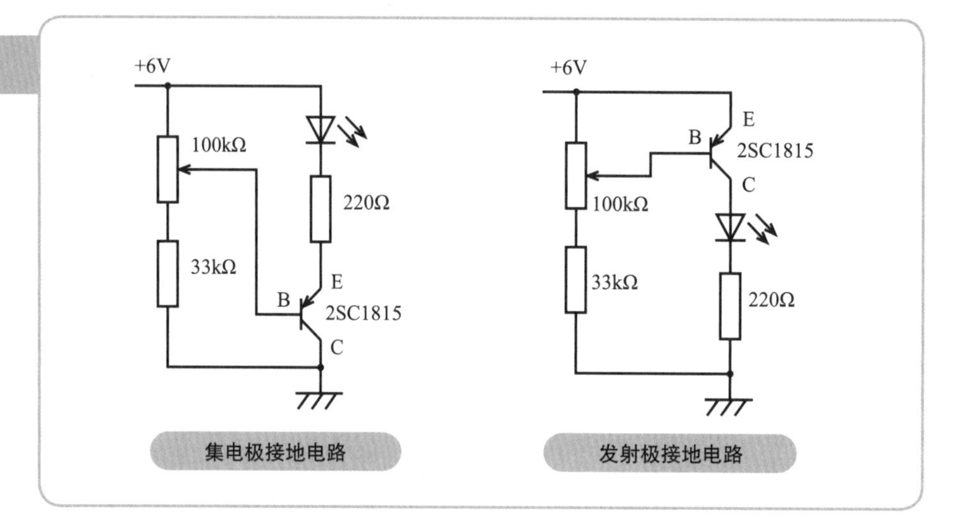

NPN 型

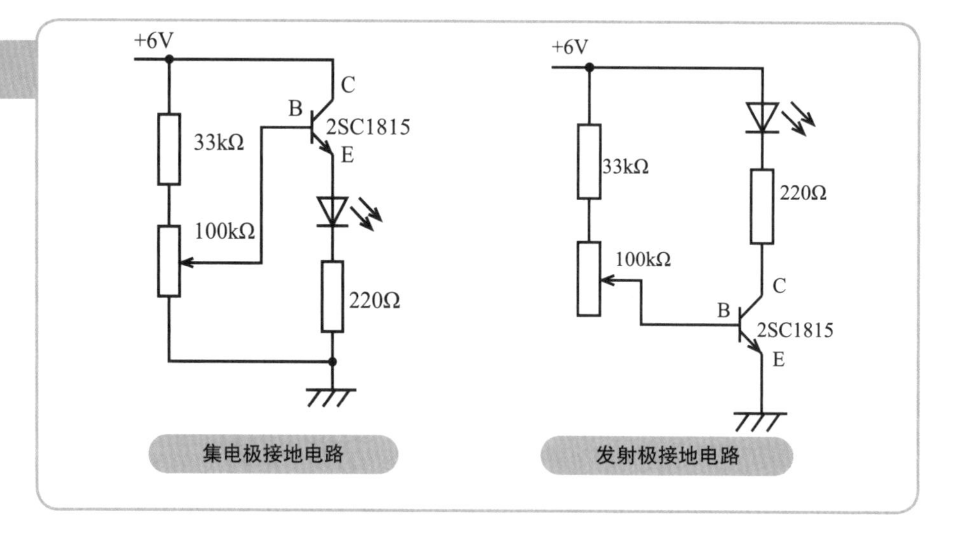

下图是电机正反转控制电路。

这是 PNP 型晶体管和 NPN 型晶体管互补的推挽电路，需要 +6V 和 –6V 两个电源。通过调整 100kΩ 可变电阻器，就可实现电机的正转、停止以及反转控制。停止期间又被称为死区。在此期间，即便改变可变电阻器的阻值，也会维持一段时间的停止状态。

原理很简单。改变流过电机的电流的方向，就会改变电机的转向。

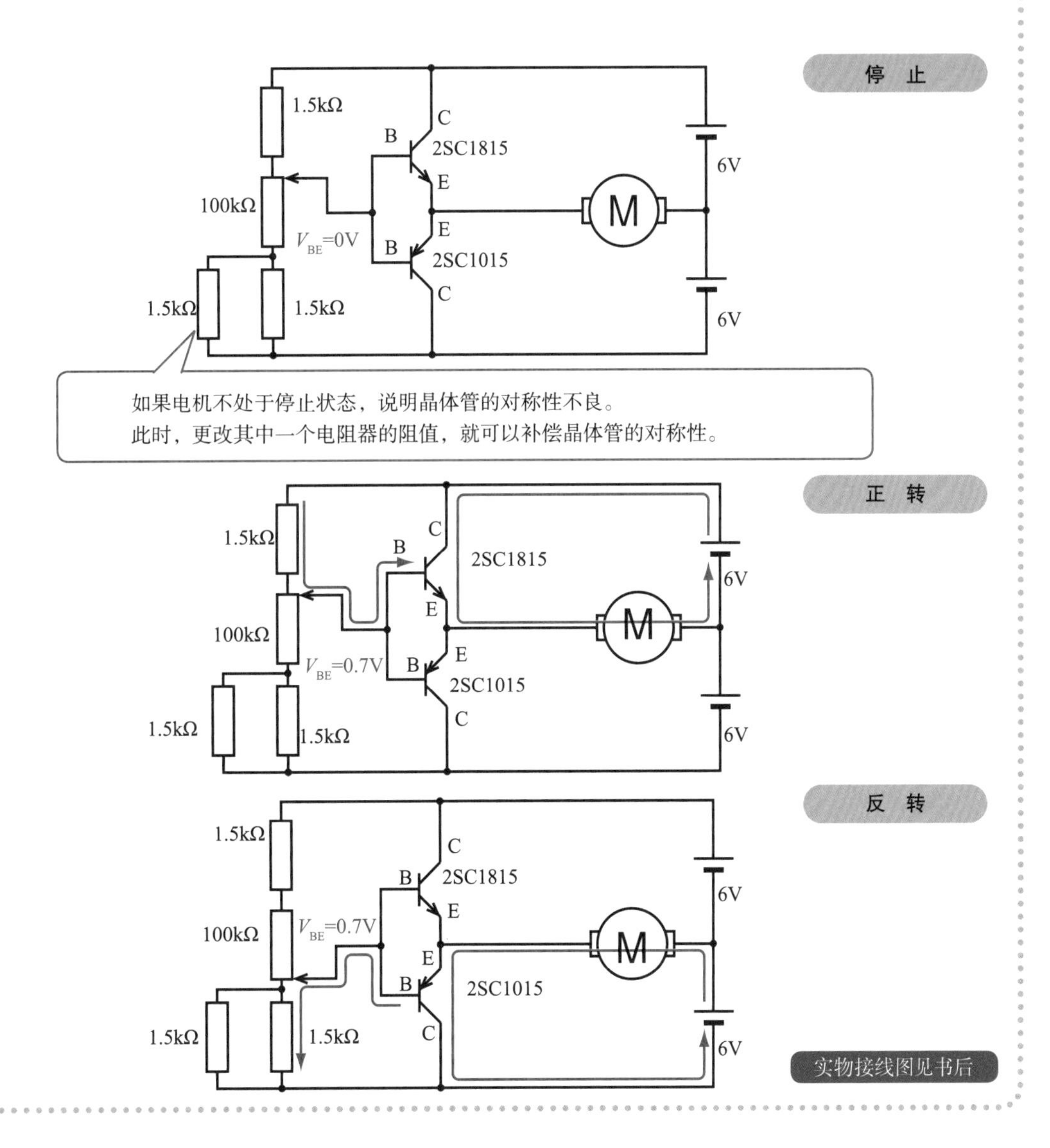

STEP 32　晶体管的应用：直流电机控制（3）

在此，对推挽电路进行简单说明。其全称为乙类推挽功率放大电路。对应的，有甲类单端功率放大电路。

虽然统称为推挽电路，但它们实际上有很多种电路形式。我们以 1 个输出端的 SEPP（单端推挽）电路为例，对互补式电路进行介绍。

像甲类、乙类电路形式，在网上能搜索到很多相关说明文章。

实际上，STEP 31 中介绍的电机控制电路就是 2 个互补晶体管组成的单端推挽电路。互补晶体管指的是一对电气特性相同的 PNP 型晶体管和 NPN 型晶体管。例如，PNP 型的 2SA1015 就记在了 NPN 型的 2SC1815 的"互补晶体管"目录中。

TOSHIBA

东芝晶体管　硅 PNP 外延型

2SA1015

○低频放大用

○高频放大用

· 高耐压且电流容量小：

V_{CEO}=−50V（最小），I_C=−150mA

· 电流放大倍数的电流依存性好：

$h_{FE(2)}$=80（标准）（V_{CE}=−6V，I_C=−150mA）

$h_{FE}(I_C$=−0.1mA)/ $h_{FE}(I_C$=−2mA)/=0.95（标准）

· 适用于 P_o=10W 的晶体管放大及一般开关。

· 低噪声：NF=1dB（标准）（f=1kHz）。

· 与 2SC1815 互补。

PNP 型晶体管和 NPN 型晶体管分别完成半波放大，而后互补合成，实现全波放大。对于交流输入信号是这样的，如果负载是直流电机，那么输入正半波信号，输出端子就会流过正向流电流；输入负半波信号，输出端子就会流过反向电流。如此，便能实现电机的正反转控制。

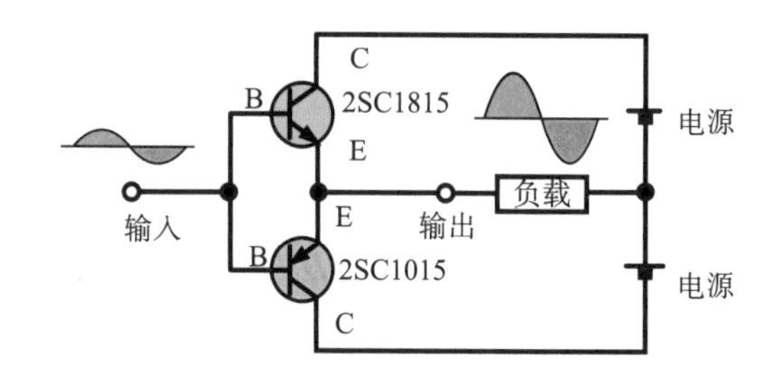

刚刚对直流电机的控制原理进行了说明，但实际上，市面上有很多种直流电机驱动器IC，用起来会更方便。

下面是东芝TA7291电机驱动器的介绍。这个驱动器可以实现直流电机（DME25BA）的额定负载正转、反转、停止、制动控制。

TOSHIBA TA7291P/S/SG/F/FG

东芝双极性线性集成电路 硅 单片

TA7291P,TA7291S/SG,TA7291F/FG

直流电机全桥驱动器
（正反转驱动器）

使用TA7291P、TA7291S/SG、TA7291F/FG正反转全桥驱动器，可以实现正转、反转、停止、制动4个模式。

其中，TA7291P的输出电流为1.0A(AVE*)、2.0A(峰值)，TA7291S/SG、TA7291F/FG的输出电流为0.4A(AVE)、1.2A(峰值)。通过输出端和控制端2个系统电源端子，以及控制电机电压的V_{ref}端子，可调整电机的施加电压。还可以直接连接输入电流小的CMOS。

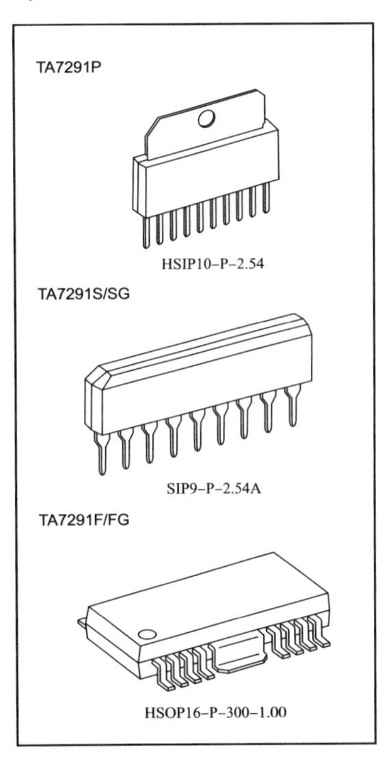

特 点

工作电压：$V_{CC(opr)}$=4.5 ~ 20V
$V_{S(opr)}$=0 ~ 20V
$V_{ref\,(opr)}$=0 ~ 20V

无论V_{CC}、V_S条件如何，都不会出现误动作。
但是，请保证在$V_{ref} \leq V_S$的情况下使用。

输出电流：P型 1.0A(AVE)，2.0A(峰值)
S/F型 0.4A(AVE)，1.2A(峰值)

内置热保护电路，内置输出端子保护电路
内置反电动势吸收二极管
内置输入迟滞电路
内置待机电路

*AVE：Average Variance Extracted，平均提取方差值。

STEP 33 晶体管的应用：多谐振荡器（1）

想一想

下图中的 LED 处于点亮状态还是熄灭状态？
将 SW 切换到下方后，会变为什么状态？

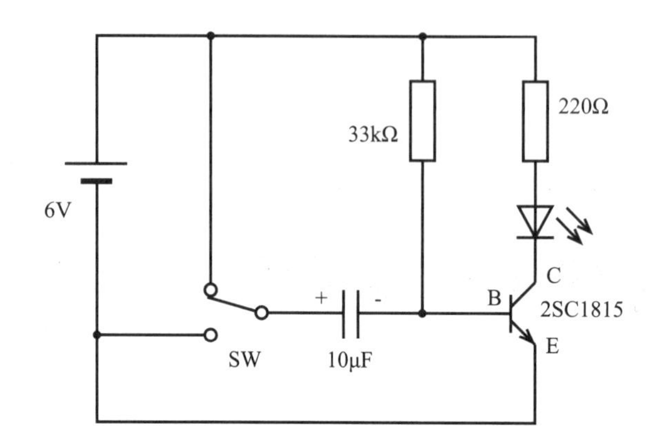

记一记

如果思考后仍无法得出答案，那就动动手吧。
完成下面的实物接线图，实际用套件制作电路进行实验。

做一做

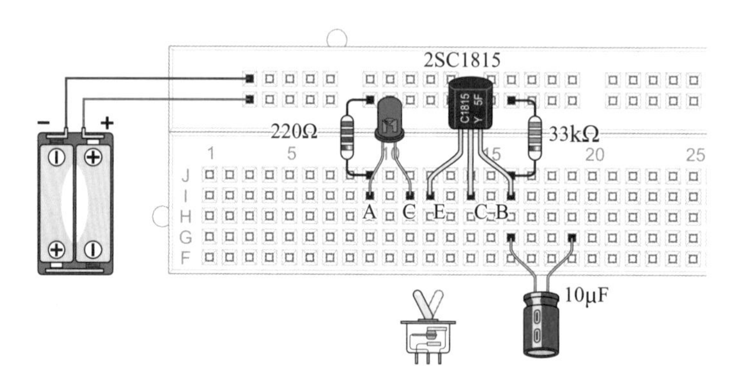

实物接线图见书后

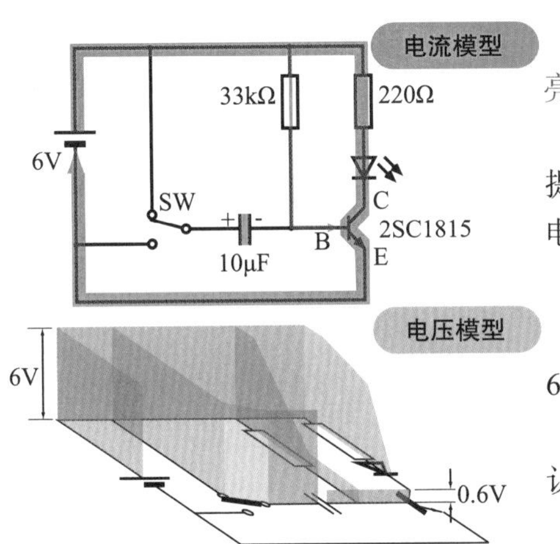

解 答

从结论上说，LED 在这个状态下是点亮的。

这是因为电源电压通过 33kΩ 电阻器提供基极电流，进而产生成比例的集电极电流，点亮了 LED。

那么，电容器的电压又将如何变化？

左侧直接和 6V 相连，因此电压为 6V。

那么右侧呢？因为晶体管导通，可以认为基极 – 发射极电压大约为 0.6V。

也就是说，电容器处于充电状态。

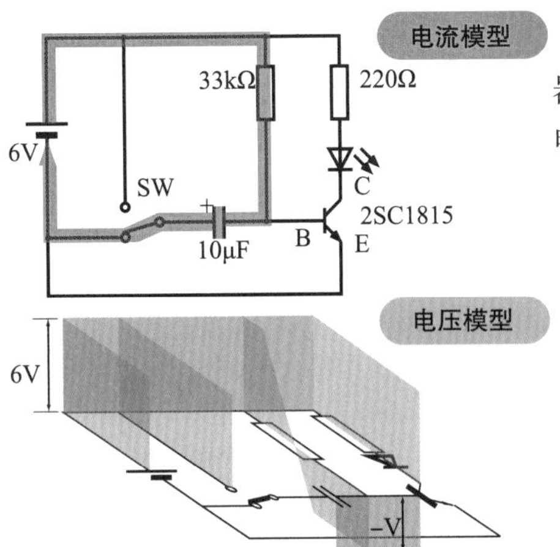

在此状态下，切换 SW 的瞬间，电容器左侧接地。由于电容器中储存了电荷，电容器右侧电压被拉低。

此时，LED 熄灭。

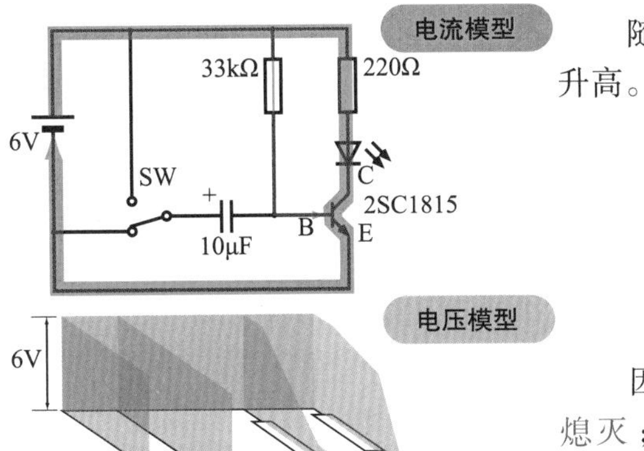

随着电容器的放电，基极电压逐渐升高。

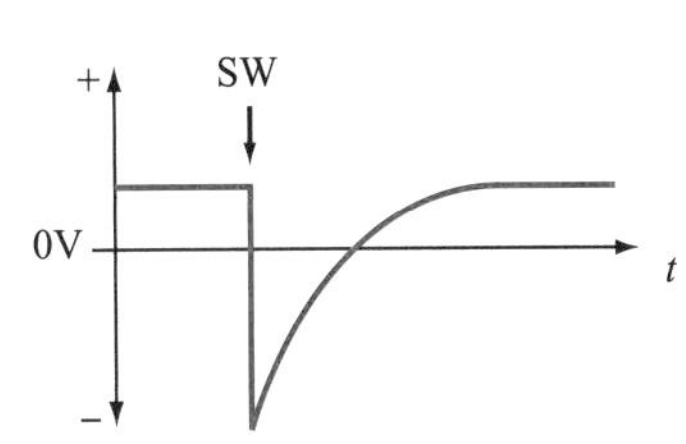

因此，只有基极电压为负值时，LED 熄灭；基极电压转变为正值时，会发生 LED 再次点亮的现象。

STEP 34　晶体管的应用：多谐振荡器（2）

下图中的 LED_1 和 LED_2 分别处于点亮状态，还是熄灭状态？
将 SW 切换到下方后，状态会发生什么变化？

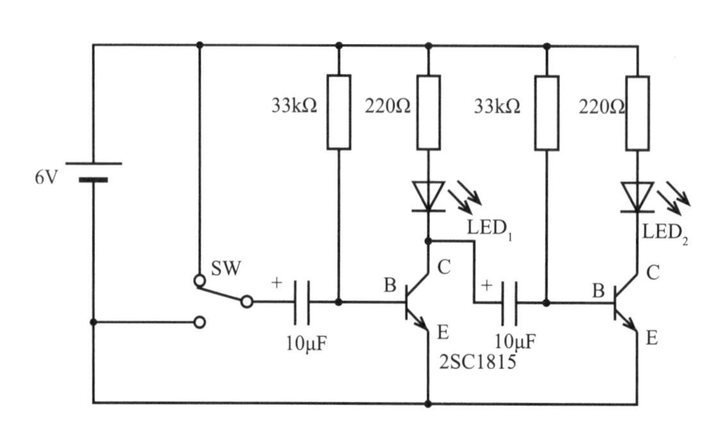

如果思考后仍无法得出答案，那就动动手吧。
完成下面的实物接线图，实际用套件制作电路并进行实验。

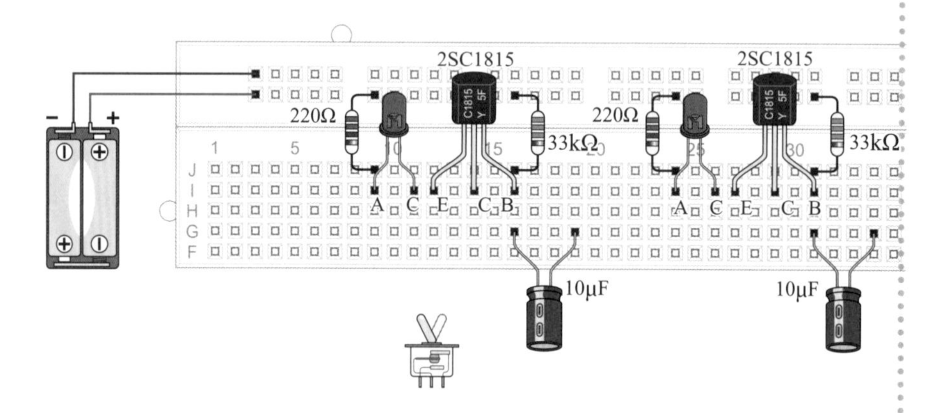

实物接线图见书后

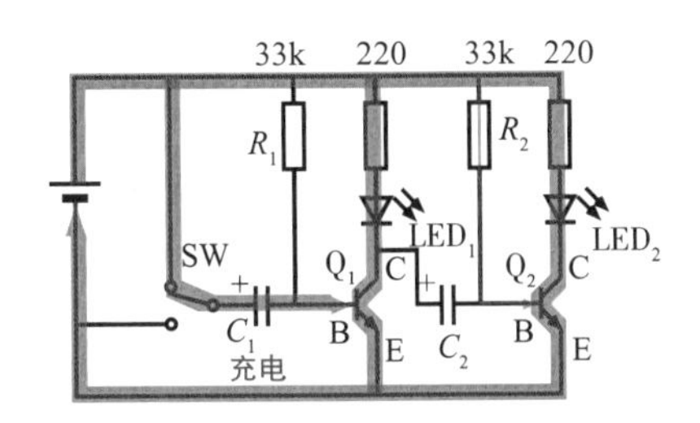

开关置于上方的瞬间

此时，2 个 LED 均点亮。

在 C_1 未充电的状态下，将开关置于上方时，电流通过 C_1 流向基极。

但是，由于没有电阻的接入，C_1 的充电是瞬间完成的。

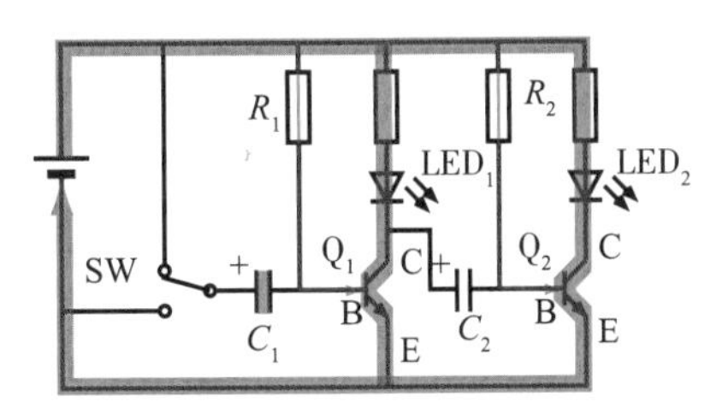

开关位于上方——稳定状态

R_1 提供的基极电流使得 Q_1 导通，LED_1 点亮。

R_2 提供的基极电流使得 Q_2 也导通，LED_2 也点亮。

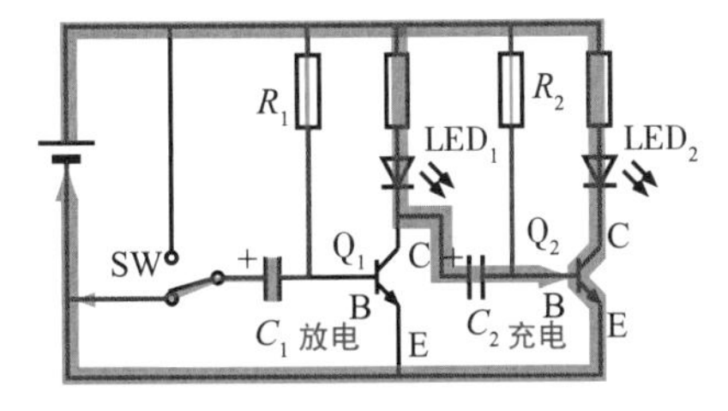

开关置于下方的瞬间

切换 SW 时，Q_1 和 STEP 32 的状态相同，直到 C_1 完全放电，Q_1 截止。

在 Q_1 截止的瞬间，左侧电流流入 C_2，开始对 C_2 充电。

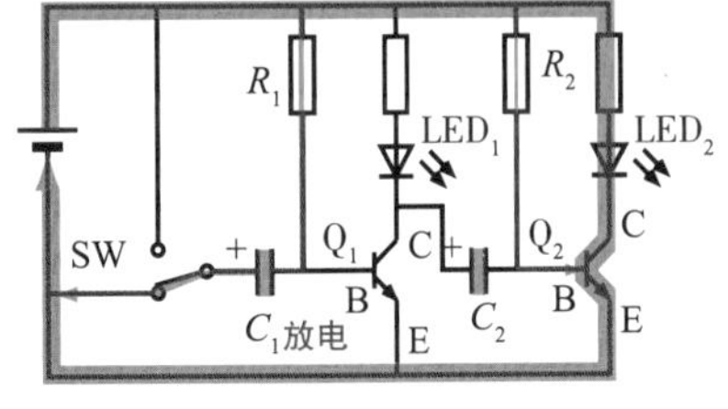

开关位于下方——过渡期

C_2 充电完成，因无电流流过，LED_1 熄灭。

与 C_1 通过 33kΩ 电阻器放电相比，C_2 通过 220Ω 电阻器充电更快。

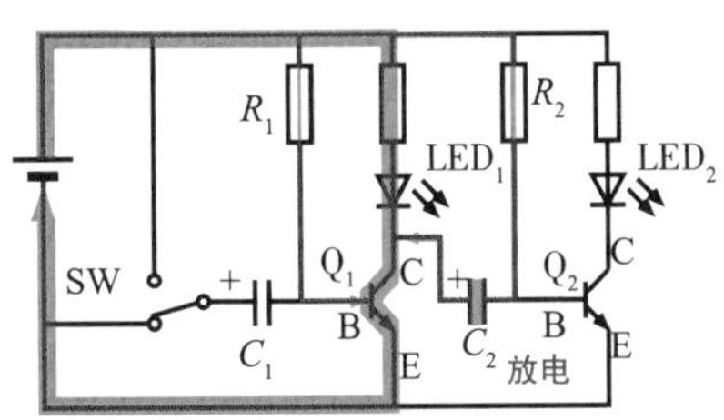

C_1 放电完成的瞬间

C_1 的电压逐渐升高，Q_1 再次导通的瞬间，C_2 放电。

Q_2 因基极电压一下子跌至负值而截止。

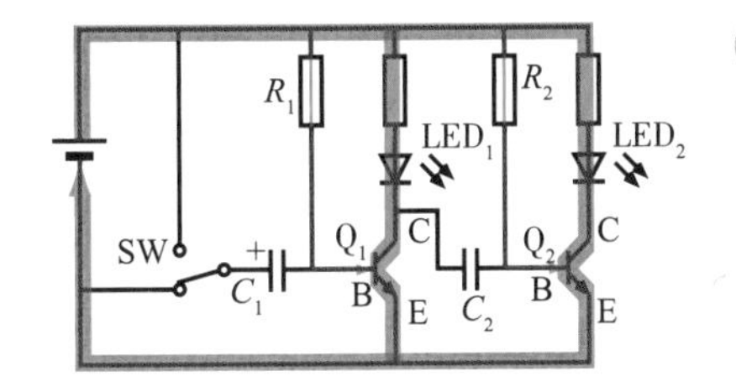

开关位于下方——稳定状态

和 Q_1 一样，Q_2 的基极电压逐渐升高。

Q_2 再次导通，LED_2 也再次点亮。

下图中，Q_2 的集电极和 C_1 的左侧相连，去掉 SW_1 后会怎样？

Q_1 和 Q_2 交替导通，伴随的是 LED_1 和 LED_2 交替点亮。这个电路被称为多谐振荡器，可以连续产生方波脉冲。

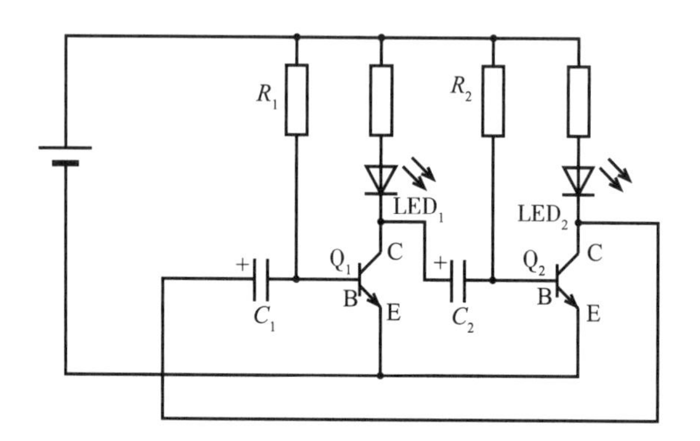

下面的电路是上述电路的变形。振荡周期由 R_1 和 C_1、R_2 和 C_2 决定。请尝试对下述电路做不同的改变，进行实验。

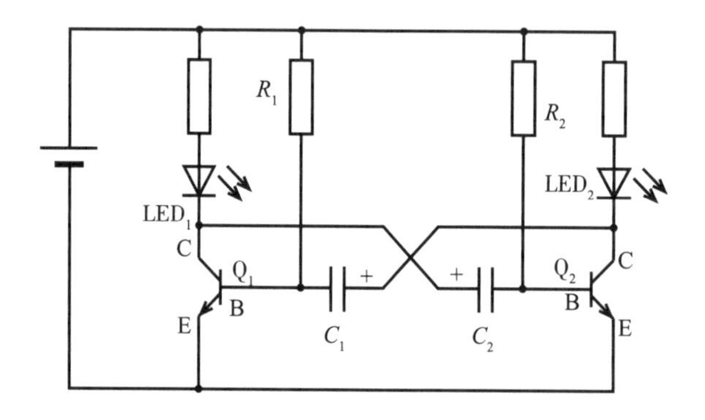

上电前，电容器 C_1 和 C_2 处于完全放电状态。

上电时，晶体管 Q_1 和 Q_2 均导通。但是，不论哪个提前导通，哪怕是提前一点点，也会使另一个截止。

两个晶体管的导通和截止是不断交替循环的。

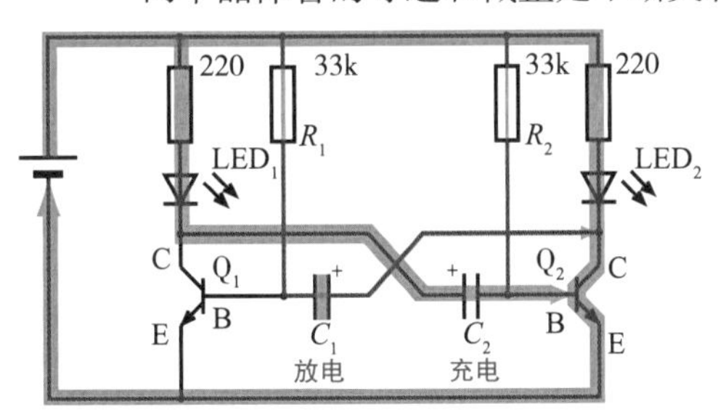

假设 Q_2 先导通：

Q_2 导通→ C_1 放电→ Q_1 截止→ C_2 充电

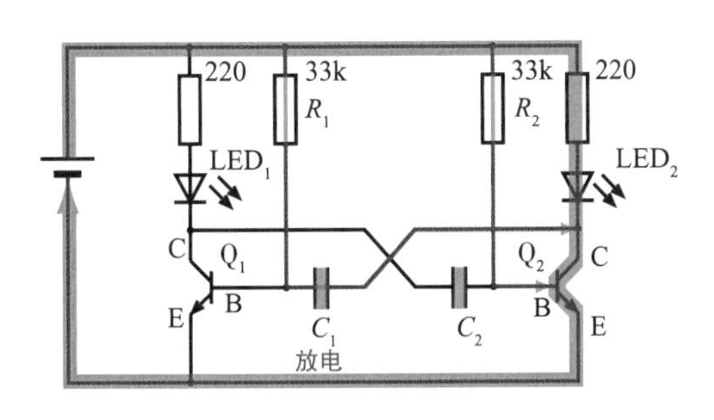

C_2 通过 220Ω 电阻器进行充电。和 C_1 通过 33kΩ 电阻器放电相比，C_2 的充电更快完成。

由于初始状态的 C_1 已完全放电，故电路迅速转换为下图的状态。

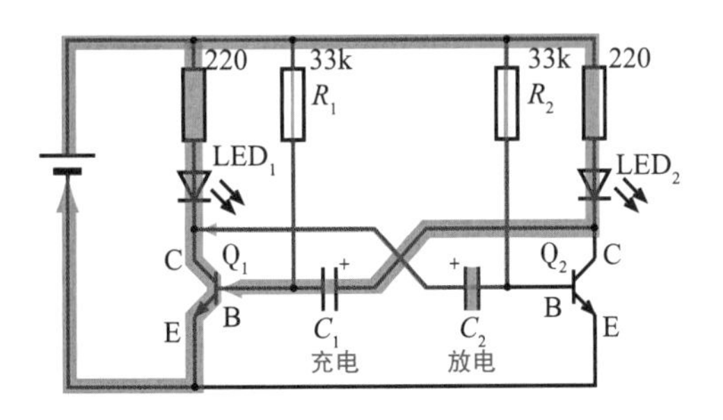

C_1 继续放电，Q_1 的基极电压慢慢升高。

在 Q_1 导通的瞬间，C_2 开始放电，Q_2 的基极电压一下子跌至负值。如此一来，Q_2 截止。

Q_1 导通→ C_2 放电→ Q_2 截止 → C_1 充电

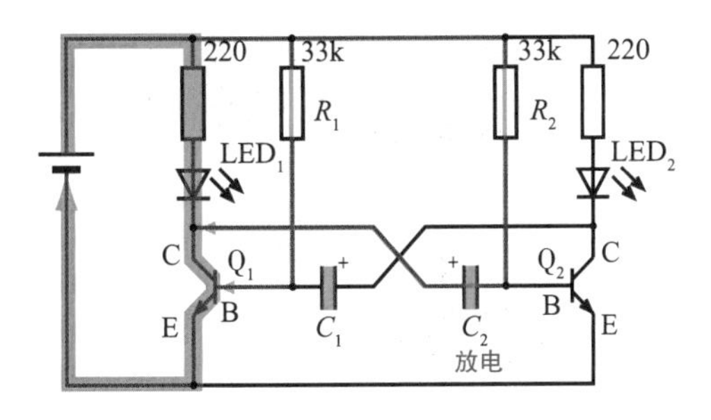

C_2 通过 220Ω 电阻器进行充电。和 C_1 通过 33kΩ 电阻器放电相比，C_2 的放电更快完成。

C_2 继续放电，Q_2 的基极电压慢慢升高。

在 Q_2 再次导通的瞬间，C_1 开始放电，Q_1 的基极电压一下子跌至负值。如此一来，Q_1 截止，恢复到初始状态。

STEP 35 晶体管的应用：多谐振荡器（3）

STEP 34 中最后的实验进展顺利吗？

如果有可以测量周期的示波器就更好了，但通过 LED 的点亮也可以推断产生了方波。

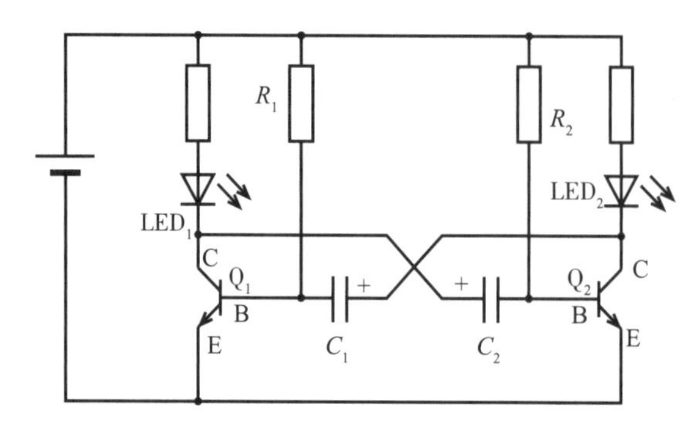

然而，在频率非常高的情况下，是无法通过 LED 来推断的。在此，建议利用套件中的扬声器。该扬声器的直径约为 6cm，内侧标有“8Ω，0.5W”。其中，8Ω 为输入阻抗。当功率为 0.2W，输入阻抗为 8Ω 时，根据之前讲解的计算方法可知，可以连续流过 160mA 电流。

扬声器的定义

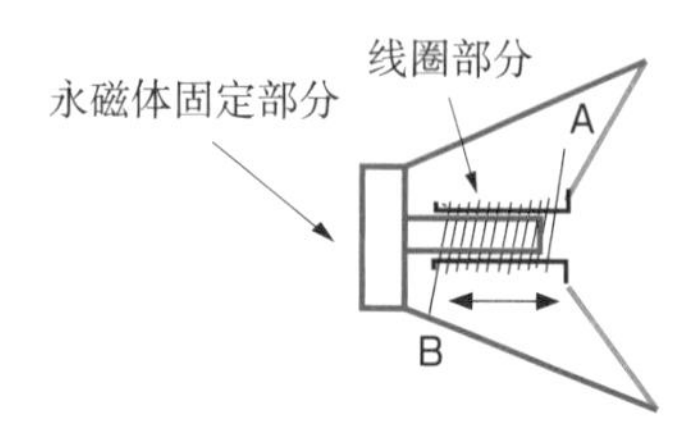

A–B 之间流过电流，线圈部分变成电磁铁。

然后，整个黑色部分和红色部分产生相对运动。

进而，振动产生声音。

蓝色部分为纸或塑料，即使一端被固定，整体也是可以振动的。

右图是最简单的让扬声器发声的方法。扬声器的一端通过约 10Ω 电阻器接电池正极，另一端通过开关接电池负极。

通过计算可知，开关接通时，扬声器中流过大约 300mA 的电流。

不过没关系，扬声器基于断续电流发声——开关需要不断通断。如果一直开通，扬声器是不会发声的。

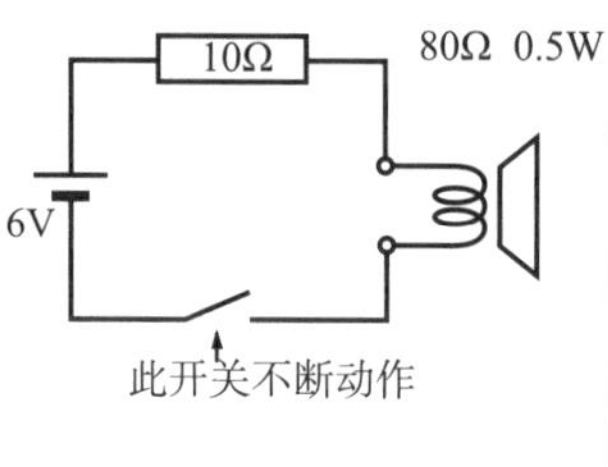

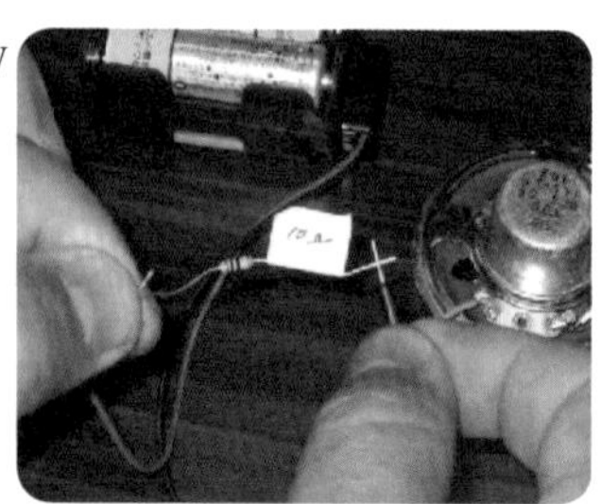

做一做

接下来，我们利用多谐振荡器来产生声音。

直接利用在 STEP 33 中制作的多谐振荡器，只是将和扬声器串联的电阻器更换成 47Ω 的，以避免扬声器的声音过小。

另外，在此状态下，周期会变长，听起来不像蜂鸣器。所以，请将电容器更换成约 0.1μF 的。

此时，应该可以看见 LED 点亮。因为电容器减小到了原来的 1%，频率是原来的 100 倍。

现在的声音应该像蜂鸣器发出的了。请做各种改变，多做尝试。接下来，我们利用多谐振荡器来产生声音。

直接利用在 STEP 33 中制作的多谐振荡器，只是将和扬声器串联的电阻器更换成 47Ω 的，以避免扬声器的声音过小。

另外，在此状态下，周期会变长，听起来不像蜂鸣器。所以，请将电容器更换成约 0.1μF 的。

此时，应该可以看见 LED 点亮。因为电容器减小到了原来的 1%，频率是原来的 100 倍。

现在的声音应该像蜂鸣器发出的了。请做各种改变，多做尝试试。

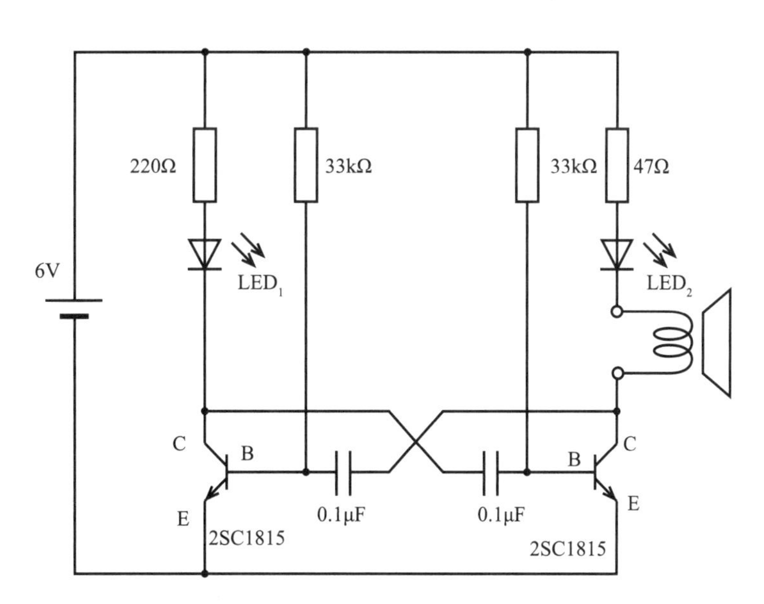

实际接线图见书后

STEP 36　晶体管的应用：间歇振荡器

前面介绍了让扬声器发声的两种方法：①手动操作开关；②利用多谐振荡器。现在介绍让扬声器发声的第三种方法，让我们试试利用间歇振荡器。此次是我们第一次使用变压器。

做一做

间歇振荡电路是由晶体管、电阻器和输出变压器构成的简单电路。请试着用套件制作该电路。

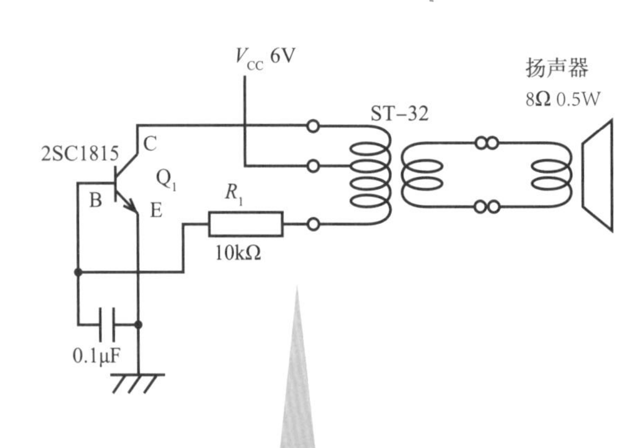

实物接线图见书后

根据套件中 SC1815 的等级，R_1 应取不同的值。
Y 等级　：R_1 取 10 kΩ
GR 等级：R_1 取 33 kΩ，或者（10kΩ +可变电阻器）
改变可变电阻器的阻值，可以改变蜂鸣器的音量（振动频率）。

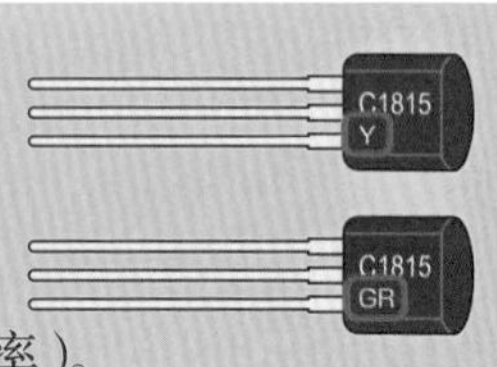

变压器的种类和用途

电源变压器

用于改变交流电压。

低频变压器

主要用于音频相关的输出。但是，随着电路技术的发展，现在很少使用。输出变压器通常简称为 OPT。

（1）当反馈电阻 R_1 为 1.5kΩ 时，LED_1、LED_2、LED_3 呈现什么状态？
（2）当反馈电阻 R_1 为 33kΩ 时，LED_1、LED_2、LED_3 又呈现什么状态？

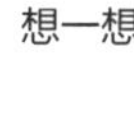

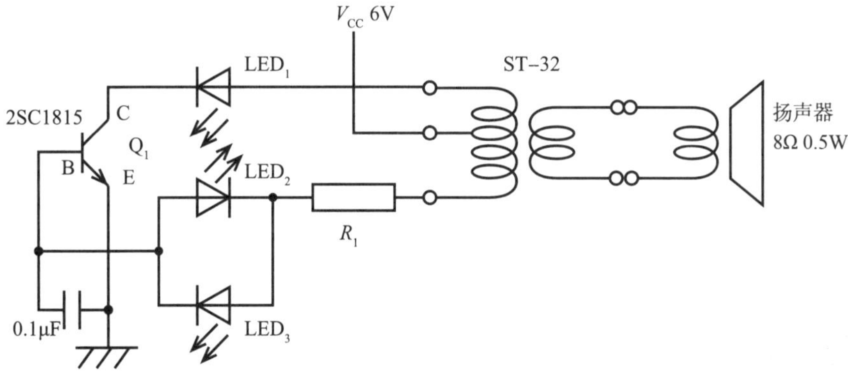

如果想不出来，那就动动手，实际制作电路并进行实验。

做一做

实物接线图见书后

变压器也是线圈绕成的。要想理解电路，必须理解电阻器、电容器和线圈（电感器）这三种基础的电子元件。

线圈是最难理解的，同时也是最有用的。因为线圈可以产生磁力。例如，电机实际上是依靠线圈通电产生的磁力来旋转的。当线圈通电时，线圈会阻碍电流流动。相反，断电时，线圈中会继续流动电流（反电动势）。间歇振荡器便利用了此性质。

上述问题的答案如下。

（1）当反馈电阻器为 1.5kΩ 时：LED_1 点亮且亮度高，LED_3 点亮但亮度比 LED_1 低。未发生振荡。

（2）当反馈电阻器为 33kΩ 时：LED_1 点亮；LED_2 和 LED_3 也点亮，但是亮度较弱。这意味着线圈和电阻器中的电流方向在变化。但是，因为频率约为 17.7kHz，所以只能听见微弱的扬声器声音。用示波器观察可知，基极电压下降到了 –9V，集电极电压上升到了最高的 21V。间歇震荡器可以产生数倍于供电电压的电压。

间歇振荡器的原理

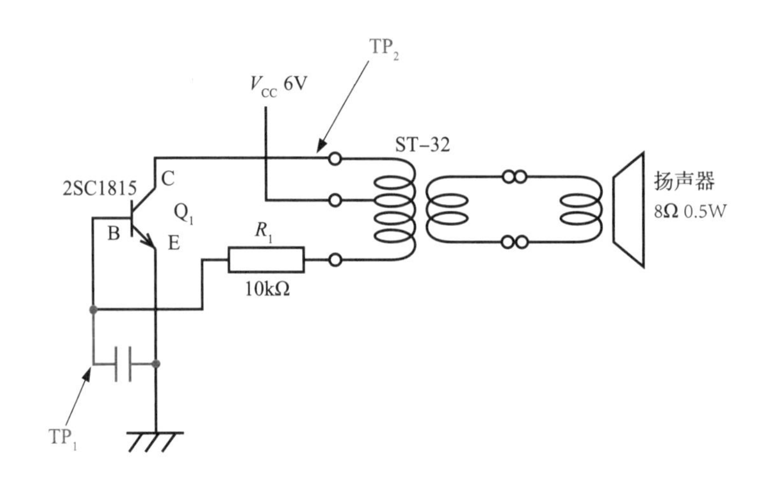

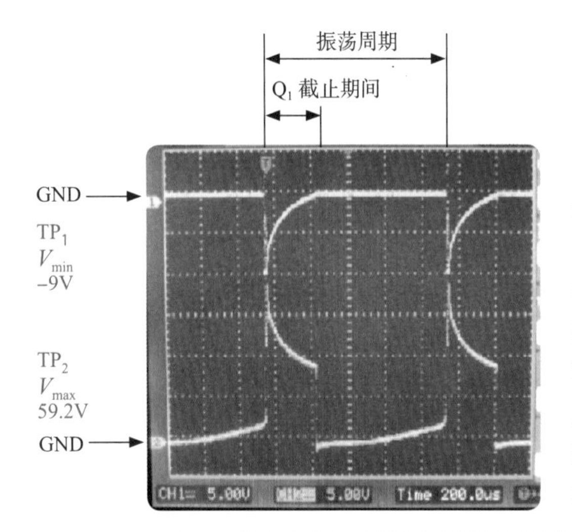

反馈电阻器为 10kΩ 时的集电极电压和基极电压的波形。

上面的电路图中用红线画了一个电容器。尽管其值非常小，但是晶体管的基极和发射极内部本身就存在电容。请看，当晶体管退出饱和状态时，基极电压迅速下跌。集电极电流减小时，反馈线圈感生出负电压，R_1 中的电流由左向右流动。同时，集电极产生数倍于电源电压的感生电压，基极电压迅速下降，至 Q_1 截止，感生电压消失。随后电容器开始充电，基极电压开始上升，Q_1 恢复导通。此时，在与集电极电流成比例增大的感生电动势的作用下，基极电流迅速增大（正反馈），进而达到饱和状态。此时，集电极电流不再增大。随后，集电极电流再次开始减小。这个过程周而复始，便产生了振荡作用。和不考虑反馈线圈产生感生电压作用时的基极启动电流（从右向左）相比，线圈感生的负向电流（R_1 从左向在）较小时，不会产生振荡作用。反馈电阻为 1.5kΩ 时，在不考虑线圈作用的情况下，电流不会增大，所以不会振荡。

STEP 37 认识场效应晶体管（FET）

一般所说的晶体管，是此前我们学习的双极型晶体管。场效应晶体管为单极型晶体管，一般简称为 FET。

FET 又可以进一步分为结型 FET 和 MOS 型 FET 两种。其结构和原理与一直以来学习的双极型晶体管有很大的差异，但是外形上几乎没有区别。

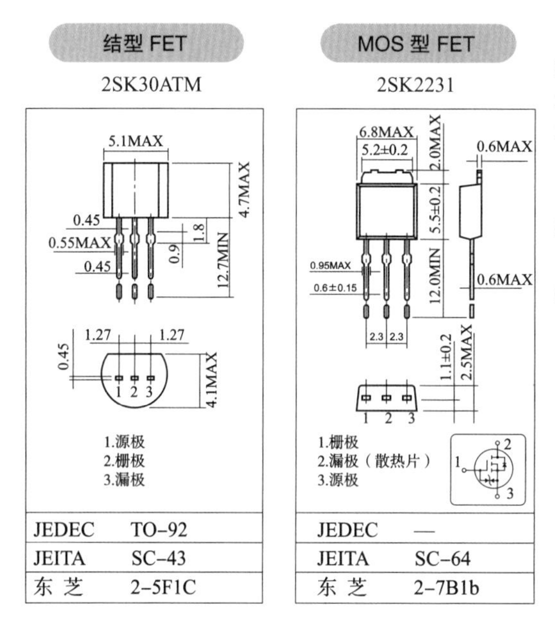

MOS 型 FET 2SK2231 和结型 FET 2SK30ATM 的外形、引脚配置、符号。无论哪种类型，电流都是在源极和漏极之间流动。

FET 为 Field Effect Transistor（场效应晶体管）的缩写。

MOS 为 Metal Oxide Semicondu-ctor（金属氧化物半导体）的缩写。

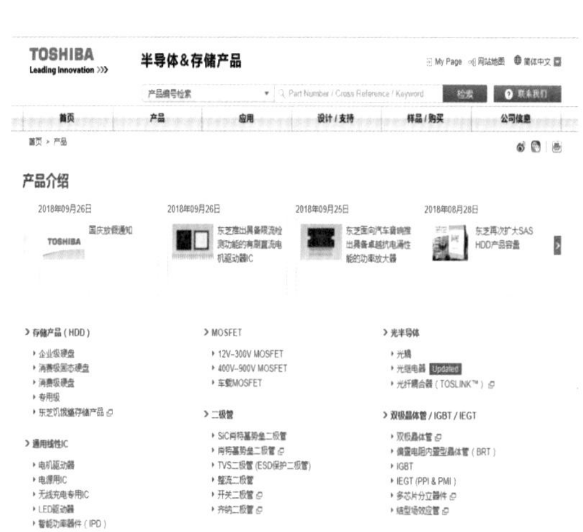

东芝半导体公司网站的晶体管一览表。

上面有一般的双极型晶体管，也有 MOSFET。有高频 MOS FET，车载 MOS FET 等各种类型。

STEP 37

认识场效应晶体管（FET）

FET 有 3 个主要特点。

（1）通过栅极 – 源极电压控制漏极 – 源极电流，是电压控制器件。

（2）栅极 – 源极电阻非常大，因此可用来设计高阻抗电路。

（3）栅极电流只能为某一定值。

	符　号		主要用途
结型 FET	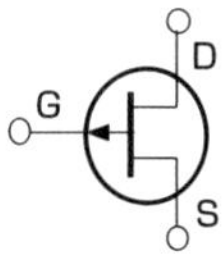 G D S 结型 FET（P） 2SJ74	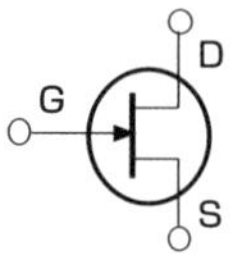 G D S 结型 FET（N） 2SK30ATM	音频相关电路 阻抗变换电路 高频放大电路
MOS 型 FET	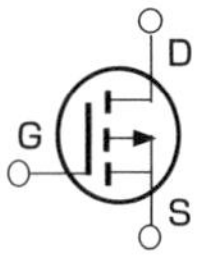 G D S MOS 型 FET（P） 2SJ114	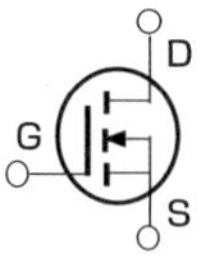 G D S MOS 型 FET（N） 2SK2231	电力开关器件 DC–DC 变换器 逆变控制 电压可达 900V 电流可达 100A

类似于晶体管可分为 NPN 和 PNP，FET 也有 P 沟道和 N 沟道之分。

N 沟道 FET 可以通过指向栅极的箭头方向来识别。

结型 FET（也称 JFET）的漏极和源极很难通过符号来区分，实际上漏极和源极反向也是可以启动的。

对于 MOS 型 FET，P 沟道的极少，电路中常采用 N 沟道的。

STEP 38　结型 FET 的应用

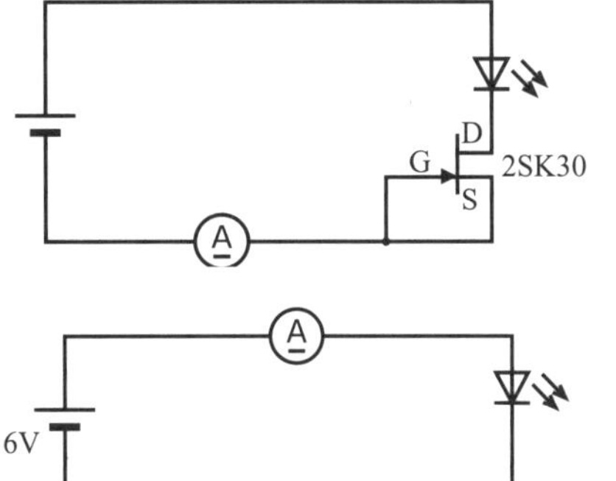

无论如何，最重要的是实际应用。将 2SK30 型 JFET（N 沟道）的栅极和源极相连，LED 串联到电源电路中。

实际进行测量可知，即使电压成倍增大，电流值也不过几个百分点的变化。

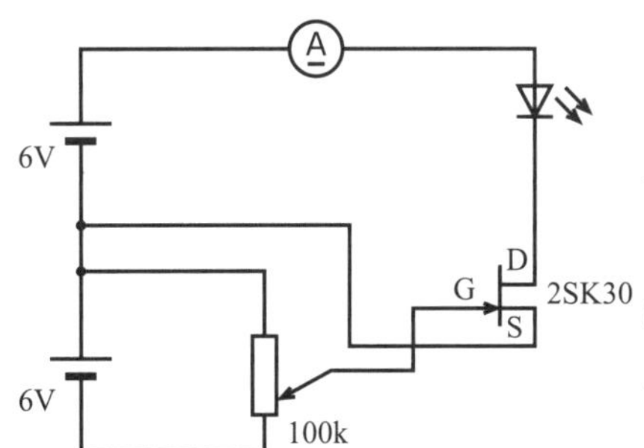

为了让栅极 – 源极电压为 –6V，追加可变电阻器和另一个电源。

实际测量可知，当栅极 – 源极电压为 0V 时，电流约为 2.3mA；当栅极 – 源极电压为 –1.5V 时，电流几乎为零。

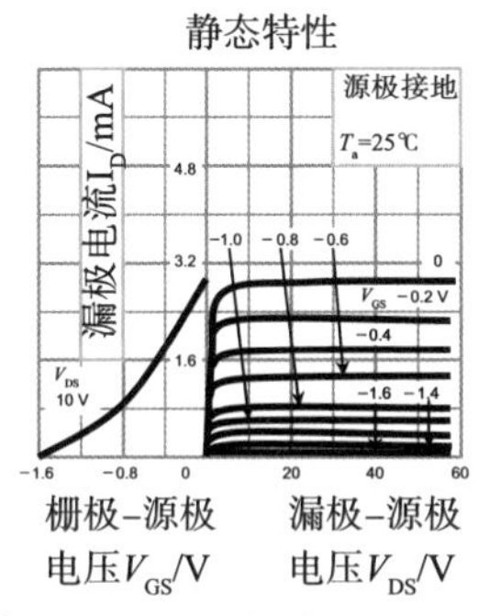

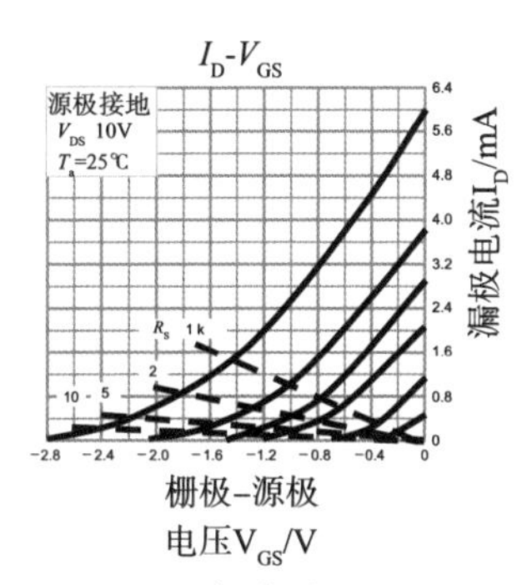

根据 2SK30ATM 的特性图，当栅极 – 源极电压为零时，漏极 – 源极电流达到最大。观察左边的静态特性图会发现，即使改变漏极 – 源极电压，流过漏极 – 源极的漏极电流 I_D 几乎不发生变化。进行仿真也能得出该结论。另外，右边的 6 条曲线展示了漏极电流 I_D 和栅极 – 源极电压的关系，那么，I_D 会因什么而变化呢？这取决于每个 FET 的区别。即使采用的制造方法相同，FET 的特性也会有很大差异。这一点需要注意。

所谓最大额定参数，就是瞬间超过也可能引发故障。具体使用时，尤其要注意栅极 – 漏极电压。如有必要，还应检查容许损耗等。

2SK30 的最大额定参数（T_a = 25℃）

项目	符号	额定值	单位
栅极 – 漏极电压	V_{GDS}	–50	V
栅极电流	I_G	10	mA
容许损耗	P_D	100	mA
结　温	T_j	125	℃
	T_{stg}	–55 ~ 125	℃

结型 FET 的应用

请看下面的电气特性表。其中的漏极电流尤其重要。I_{DSS} 为漏极 – 源极漏电流（V_{DS}=10V，V_{GS}=0V 时的漏极电流），分为 R、O、Y、GR 四个等级。虽然同为 2SK246，但 2SK246(Y) 和 2SK246(BL) 的 I_{DSS} 是不一样的。

2SK30 的电气特性（T_a = 25℃）

项目	符号	测量条件	最小值	标准值	最大值	单位
栅极 - 源极漏电流	I_{GSS}	V_{GS}=-30V，V_{DS}=0	-	-	–10	nA
栅极 - 源极击穿电压	$V_{(BR)GDS}$	V_{DS}=0，I_G=–100μA	–50	-	-	V
漏极 - 源极漏电流	I_{DSS}	V_{DS}=10V，V_{GS}=0	0.3	-	6.5	mA
栅极 - 源极阈值电压	$V_{GS(OFF)}$	V_{DS}=10V，I_D=0.1μA	–0.4	-	–5.0	V
正向传输导纳	Y_{fs}	V_{DS}=10V，V_{GS}=0，f=1MHz	1.2	-	-	mS
输入电容	C_{iss}	V_{GS}=0V，V_{DS}=0，f=1MHz	-	8.2	-	pF
反向传输电容	C_{rss}	V_{DS}=-10V，V_{GS}=0，f=1MHz	-	2.6	-	pF
噪声系数	NF	V_{DS}=15V，V_{GS}=0，R_G=100kΩ，f=120Hz	-	0.5	5.0	dB

I_{DSS} 等级：R 代表 0.30~0.75mA；O 代表 0.60~1.40mA；Y 代表 1.20~3.00mA；GR 代表 2.60~6.50mA。

记一记

完成下面的实际接线图，试试用套件制作电路。

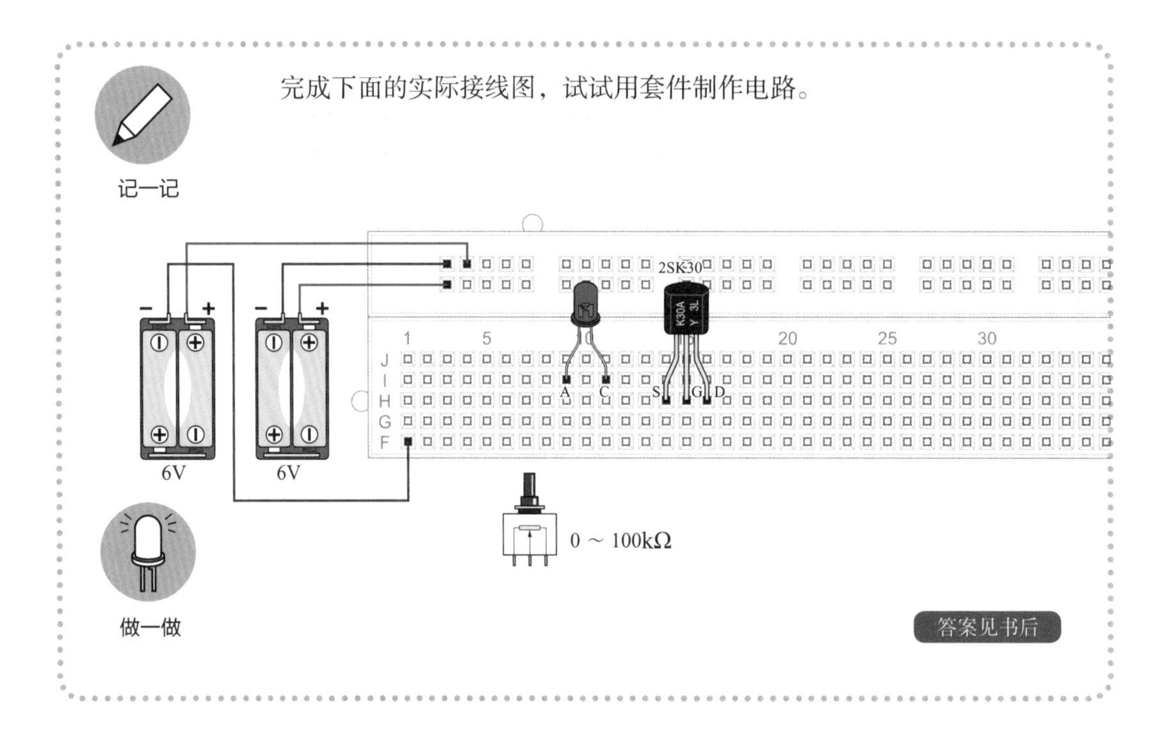

做一做

答案见书后

STEP 39 MOS 型 FET 概要

TOSHIBA 2SK2231

东芝场效应晶体管 硅 N 沟道 MOS 型（L2-π-MOSV）

2SK2231

○继电器驱动，DC - DC 变换器

○电机驱动器

- 4V 栅极驱动电压
- 通态电阻小：$R_{DS(ON)}$=0.12Ω(典型值)
- 正向传输导纳大：$|Y_{fs}|$=5.0S(典型值)
- 漏电流小：I_{DSS}=100μA(最大值)(V_{DS}=60V)
- 增强型：V_{th}=0.8 ~ 2.0V(V_{DS}=10V, I_D=1mA)

项目		符号	额定值	单位
漏极 - 源极电压		V_{DSS}	60	V
漏极 - 栅极电压 (R_{GS} = 20 kΩ)		V_{GR}	60	V
栅极 - 源极电压		V_{GSS}	± 20	V
漏极电流	直流	I_D	5	A
	脉冲	I_{DP}	20	A
漏极功耗 (T_C= 25℃)		P_D	20	W
单脉冲雪崩能量		E_{AS}	129	mJ
雪崩电流		I_{AR}	5	A
重复脉冲雪崩能量		E_{AR}	2	mJ
沟道温度		T_{ch}	150	℃
保存温度		T_{stg}	-55 ~ 150	℃

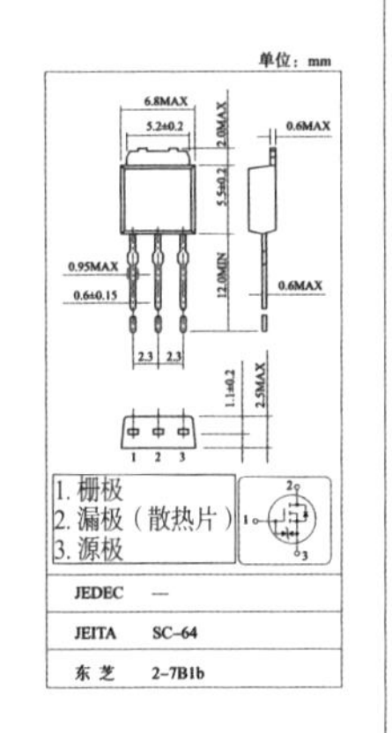

MOS 型 FET 2SK2231 常用作继电器驱动器、DC-DC 变换器以及电机驱动器的开关器件。说起开关器件，似乎有点难，但其本质上就是开关。说起开关，大部分人想到的是按钮开关等机械开关。但是，MOS 型 FET 是无接点开关，又被称为半导体开关。和机械开关不一样，此开关无接点，不会产生接触不良，不会因为摩接点磨损而需要更换。另外，它没有运动部分，实现了小型轻量化，更适合微控制器等进行控制。（用微控制器等控制电机时，实际上是微控制器控制继电器，再通过继电器接点控制电机电流。继电器也是机械开关）

理想的接点

1. 可靠性高（不发生接触不良等）
2. 无接点磨损，寿命长
3. 通态（触点闭合）电阻为零
4. 关断（触点断开）电阻无限大
5. 小型轻量
6. 便宜
7. 容易控制
8. 适用于大电流
9. 适用于高电压
10. 控制输入和实际开关没有时间差
11. 开关时对其他设备无噪声影响
12. 可以在高频下开关

如果要例举理想的开关器件，那么 MOS 型 FET 当仁不让。

2SK2231 的漏极 - 源极电压 V_{DSS} = 60V，漏极电流 I_D = 5A，具备 60V、5A 的开关能力。

STEP 39

MOS 型 FET 概要

下图是 MOS 型 FET 的标准用法。MOS 型 FET 也有 P 沟道和 N 沟道之分，所以要分别介绍。对于 P 沟道 MOS 型 FET，其电路符号中的箭头是从栅极指向源极的；对于 N 沟道 MOS 型 FET，箭头从源极指向栅极。而且，电流的方向也不一样。电流从 P 沟道 MOS 型 FET 的源极流向漏极，从 N 沟道 MOS 型 FET 漏极流向源极。共同点是，它们的电流控制都是通过在栅极和源极之间施加电压实现的。这就是所谓的电压控制型，也称为电压驱动型，与通常的双极型晶体管（电流驱动型）有很大的区别。根据下图中的状态，栅极与源极等电位，不论哪个方向，都没有电流流动，即 FET 处于关断状态。开关接通后，源极和栅极之间就会产生电压，从而产生漏极电流（源极和漏极之间或者漏极和源极之间流过的电流）。

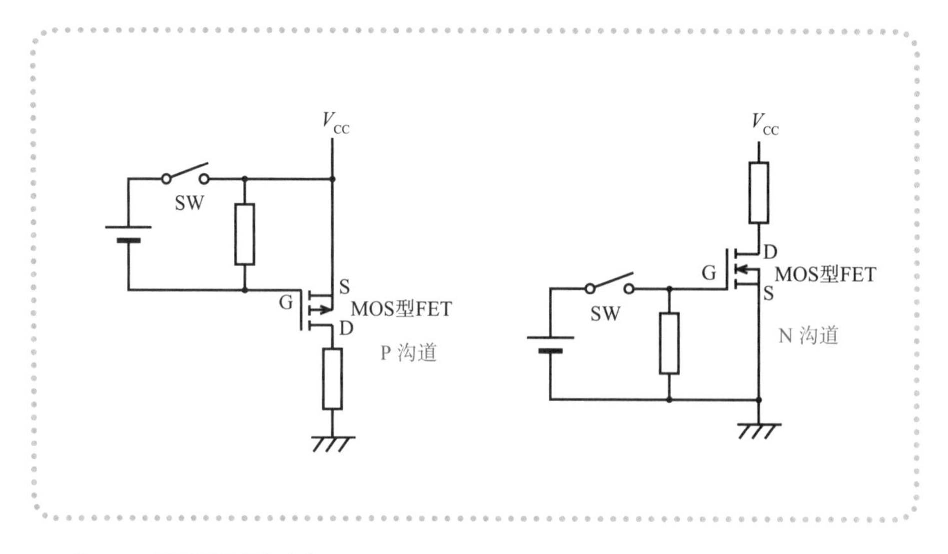

注：FET 源极通常是接地的。
不论是 P 沟道，还是 N 沟道，MOS 型 FET 的箭头必须和源极连接在一起。

请比较下面的图表。

MOS 型 FET 2SK2231 的漏极电流是从栅极 – 源极电压约为 2V 的时候开始产生的。

对应的，结型 FET 2SK246 的栅极 – 源极电压即使为零，也会产生漏极电流；栅极 – 源极电压为负值时，电流为零。

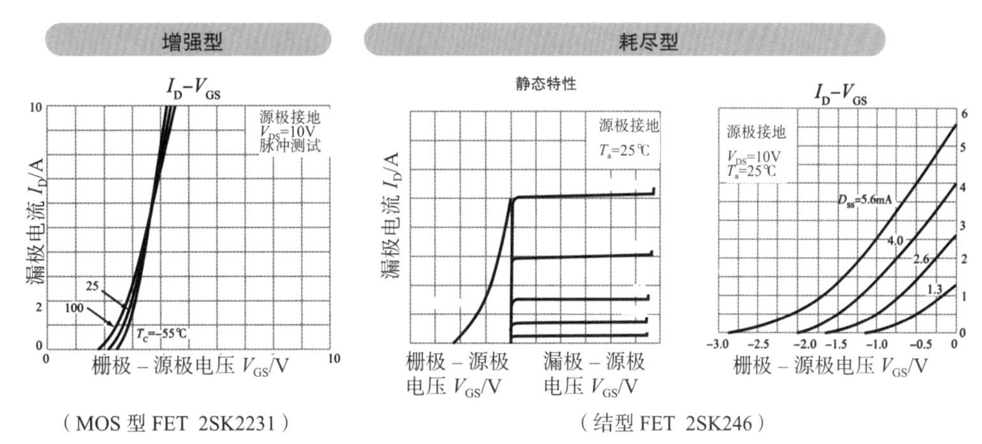

（MOS 型 FET 2SK2231）

（结型 FET 2SK246）

下图展示了漏极 – 源极电压和漏极电流是如何随栅极 – 源极电压变化的。其中，左图显示的漏极 – 源极电压为 0 ~ 2.0V。在此要注意，当栅极 – 源极电压一定时，即使改变漏极 – 源极电压，漏极电流也不会发生变化。例如，当 V_{GS} 为 2.5V，漏极 – 源极电压在 0.6 ~ 20V 之间变化时，漏极电流大约为 0.5A，几乎没有变化。这为其作为开关器件的重要功能之一。其他类型的开关器件是不能决定流过自身的电流的。

2SK2231 漏极电流和栅极电压

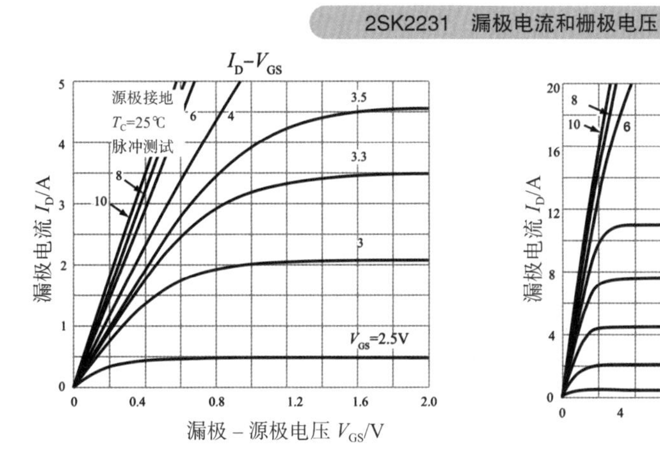

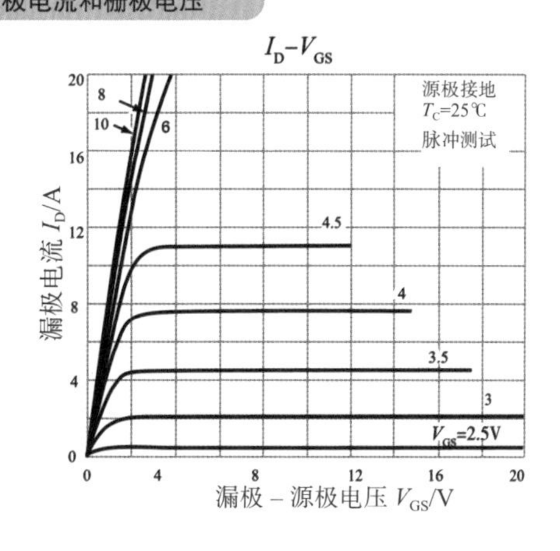

STEP 39 MOS型FET概要

右图是开关器件特性的一部分，展示了漏极电流面临的漏极－源极电阻。当栅极－源极电压 V_{GS} 为 10V 时，漏极－源极电阻为 0.1Ω；V_{GS} 为 4V 时，漏极－源极电阻为 0.2Ω。作为开关器件，最理想的漏极－源极电阻是 0Ω。可以预料到，当栅极－源极电压 V_{GS} 变小时，漏极－源极电阻也会变大。

左图显示的正向传递导纳，表示输出（I_D）相对于输入信号（V_{GS}）变化的比例。用于音频功率放大器时，这个参数越大，可以实现的输出阻抗越小。作为开关器件使用时，不用特别考虑这个参数。

2SK2231　通态电阻和正向传输导纳

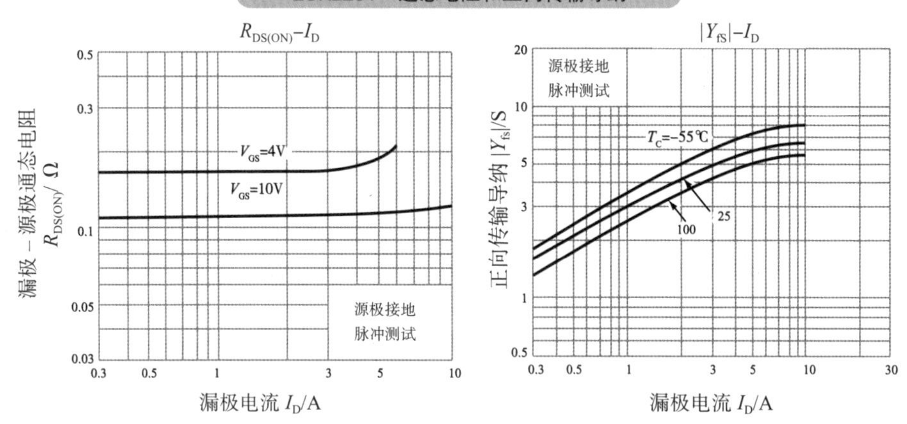

下面是2SK2231的电气特性表。半导体开关有着机械开关所不具备的优势。它可以实现快速开关，因此可以用于 PWM（脉冲宽度调制）功率控制，也可以用于将直流转换为交流的逆变控制。特性表中的“开关时间”，表示的是脉宽为 10μs 时的开关特性。

2SK2231 的电气特性

项目		符号	测量条件	最小值	典型值	最大值	单位
栅极－源极漏电流		I_{GSS}	V_{GS}=±16V，V_{DS}=0V	-	-	±10	μF
漏极－源极漏电流		I_{DSS}	V_{DS}=60V，V_{GS}=0V	-	-	100	μA
漏极－源极击穿电压		$V_{(BR)DSS}$	I_D=10mA，V_{GS}=0V	60	-	-	V
栅极阈值电压		V_{th}	V_{DS}=10V，I_D=1mA	0.8	-	2.0	V
漏极－源极通态电阻		$R_{DS(ON)}$	V_{DS}=4V，I_D=1.3mA	-	0.20	0.30	Ω
			V_{DS}=10V，I_D=2.5mA	-	0.12	0.16	
正向传输导纳		|Y_{fs}|	V_{DS}=10V，I_D=2.5mA	3.0	5.0	-	S
输入电容		C_{iss}	V_{DS}=10V，	-	370	-	pF
反向传输电容		C_{rss}	V_{GS}=0V，	-	60	-	
输出电容		C_{oss}	f=1MHz	-	180	-	
开关时间	上升时间	t_r	I_D=2.5A，输出，10V，V_{GS} 0V，50Ω，R_L=12Ω，V_{DD}=30V，占空比≤1%，t_w=10μs	-	18	-	ns
	开通时间	t_{on}		-	25	-	
	下降时间	t_f		-	55	-	
	关断时间	t_{off}		-	170	-	
栅极输入电荷		Q_g	V_{DD}≈48V，V_{GS}=10V，I_D=5mA	-	12	-	nC
栅极－源极电荷		Q_{gs}		-	8	-	
栅极－漏极电荷		Q_{gd}		-	4	-	

STEP 40 MOS 型 FET 的应用

下面具体介绍 MOS 型 FET 的实际使用。

实际电路中的 FET，有时被称为低边开关，有时被称为高边开关。这取决于 FET 的连接方式。

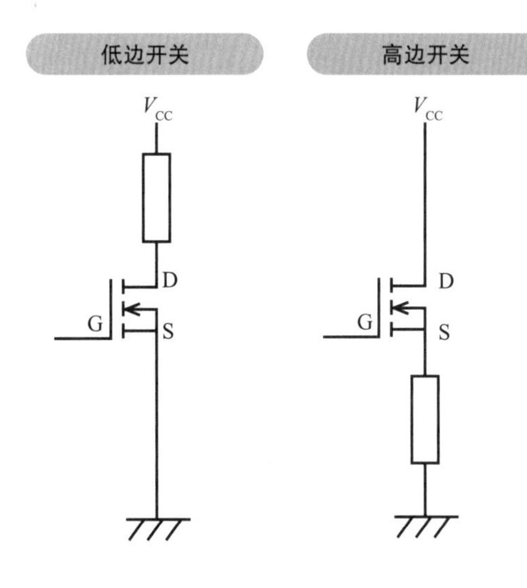

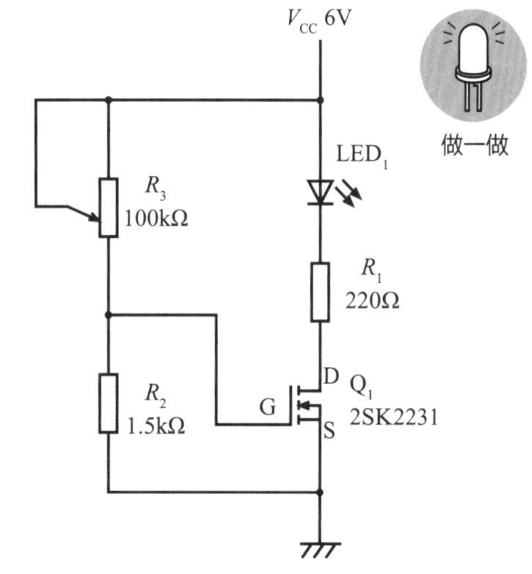

做一做

上面的电路图是低边开关应用。通过调节可变电阻器 R_3 的阻值，可以点亮 LED。MOS 型 FET 为 N 沟道 2SK2231。

调节可变电阻，栅极 – 源极电压在 0.1 ~ 6V 之间变化。由于增加了保护电阻，LED 内流过的最大电流 为 20mA。

完成上述电路的实际接线图。

推荐进一步使用面包板进行实验。即使阻值存在些许差异，也没有关系。

记一记

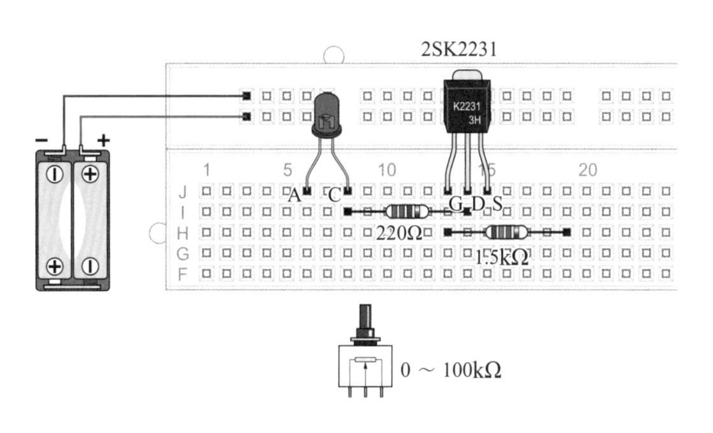

答案见书后

STEP 40 MOS 型 FET 的应用

看右边的水位检测电路。即使水的电阻较大，LED 也会点亮。MOS 型 FET 为电压控制器件，只需满足电压条件，几乎不需要电流。因此，可以将 200kΩ 电阻器换成兆欧级电阻器进行实验。另外，不用水，用你的双手握住两个电极也可以点亮 LED。

再展示一个应用实例。下面的左图为 SW_1 接通时 LED 点亮的电路。但是，当 SW_1 关断时，LED 并非瞬间熄灭，而是过一段时间后熄灭（延时断开定时器）。

这是因为电容器 C_1 在 SW_1 接通时储存的电荷，并不会在 SW_1 关断时很快消失，仍可提供栅极 – 源极电压 V_{GS}，只能通过 R_2、R_3 缓慢放电。

右图是采用双极型晶体管构成的相同的电路。

在这种情况下，C_1 主要通过 1.5kΩ 基极电阻器快速放电。如果采用 4.7MΩ 基极电阻器，又无法提供足够的基极电流。

MOS 型 FET 为电压驱动型，有输入阻抗大的优势，所以不存在这个问题。

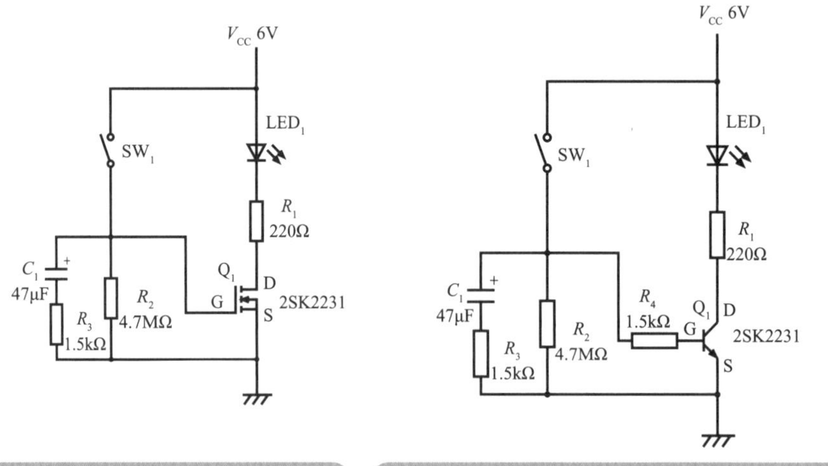

延时断开定时器（MOS 型 FET）　　延时断开定时器（双极型晶体管）

STEP39 中介绍的 MOS 型 FET 2SK2231 的 DC–DC 变换器应用，目的是将直流电压转换为更高的电压（如数倍电压），需要 MOS 型 FET 高速开关。这就要求在栅极增加控制脉冲。在此，推荐阅读《做中学电子电路：数字电路》。

零件解说

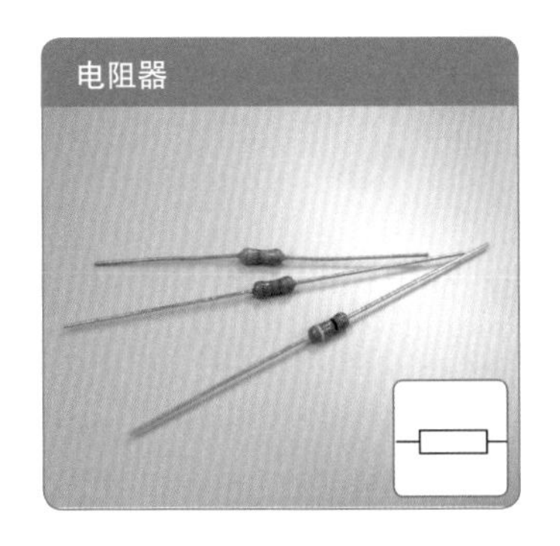

解　说

套件中的电阻器为碳膜电阻器。

电阻器的外表印刷有表示阻值的色环。

连接方式

电阻器没有极性。

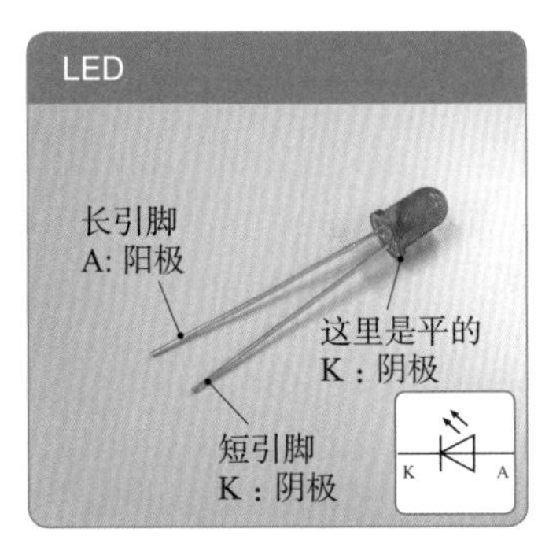

解　说

LED 也被称为发光二极管。

LED 具备电流从阳极流向阴极（正向），阻止反向电流流动的性质。

连接方式

LED 有极性，反接不会点亮。

长引脚为阳极 (+)，短引脚为阴极 (–)，只连接一个引脚无法点亮。

LED 反接也不会被破坏。但是，流过的电流超过额定值会损坏 LED。

套件中的 LED 的额定电流为 20mA。

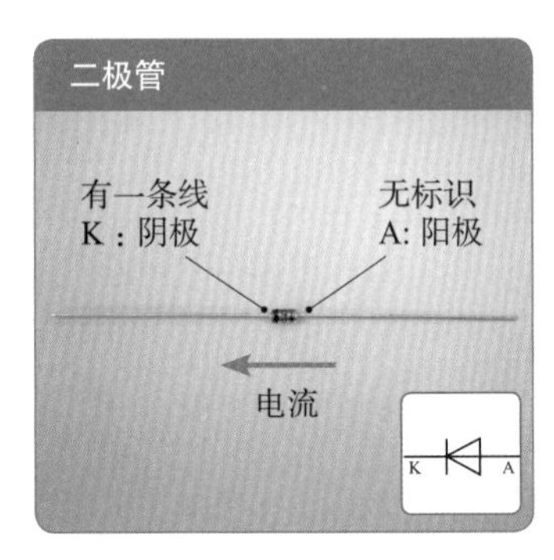

解　说

二极管具备电流从阳极流向阴极（正向），阻止反向电流流动的性质。

套件中的二极管用于整流。

连接方式

要考虑电流的方向。

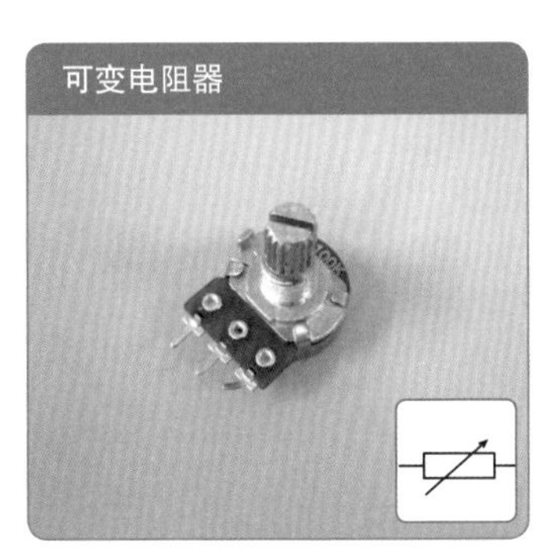

解　说

可以任意改变阻值的电阻器。

套件中的可变电阻器的阻值变化范围为 0 ~ 100kΩ。

连接方式

正中间的端子和左右两端任意一端的端子接电路。

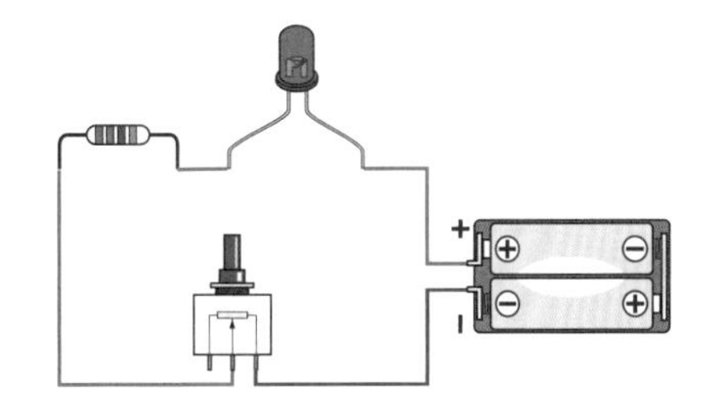

薄膜电容器

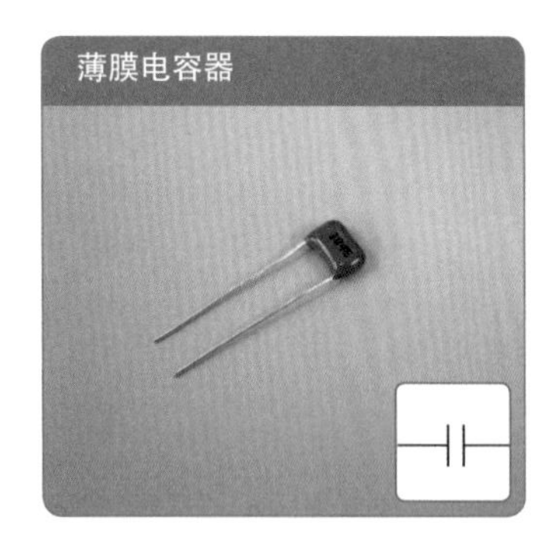

解　说

这是常见的薄膜电容器。
电容器的容量印在了外包装上。
（例） 104

$10 \times 10^4 = 100000\text{pF} = 0.1\mu\text{F}$

连接方式

薄膜电容器无极性。

电解电容器

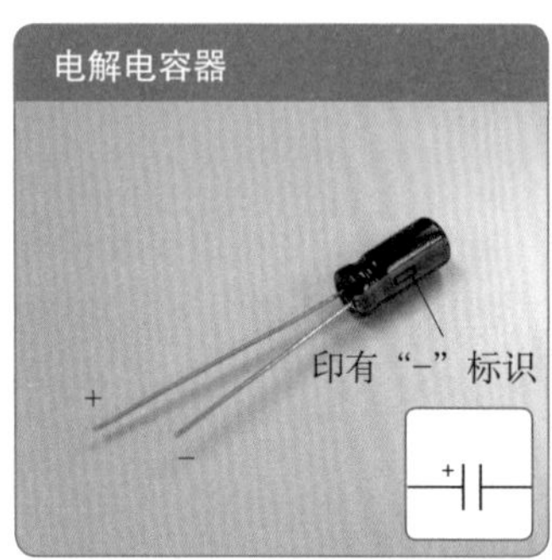

解　说

套件中的铝电解电容器，是大容量电容器中最常用的一种。
电容器的容量印在外包装上。

连接方式

有极性，外表印有“–”符号的引脚为负极。
注意：反接会导致特性恶化，严重时可引发火灾。

CdS 光敏电阻

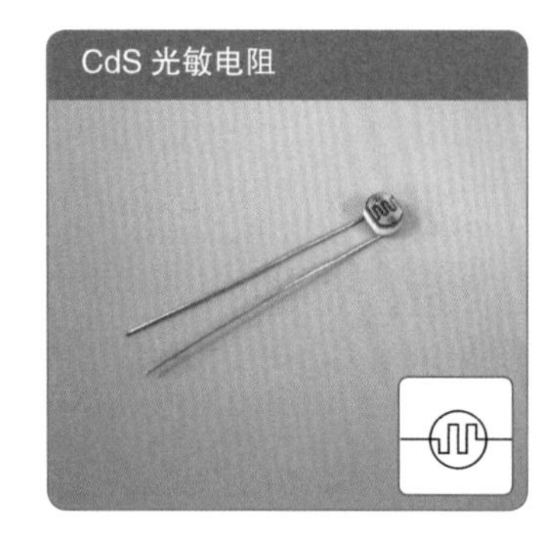

解　说

阻值随感光量变化的可变电阻器。
荧光灯下的实测阻值为800Ω，完全遮挡后的阻值在200MΩ以上。

连接方式

无极性。

直流电机

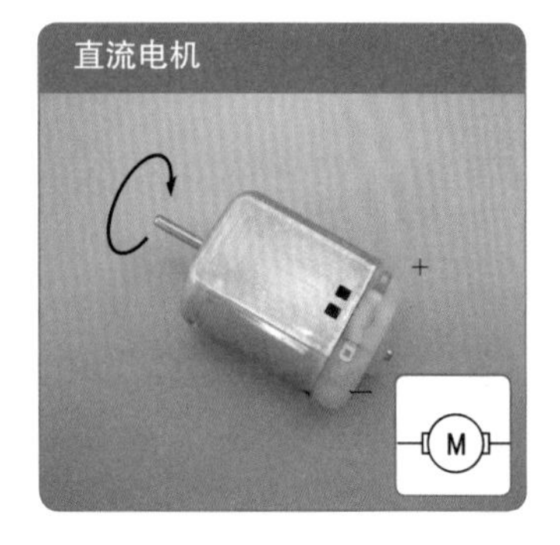

解　说

无极性。

连接方式

电机轴朝上时，右边接电源正极，左边接电源负极，电机轴右转。
反接时，旋转方向相反。

扬声器

解　说

套件中的扬声器为 8 Ω，0.5W。

连接方式

无极性。

低频变压器

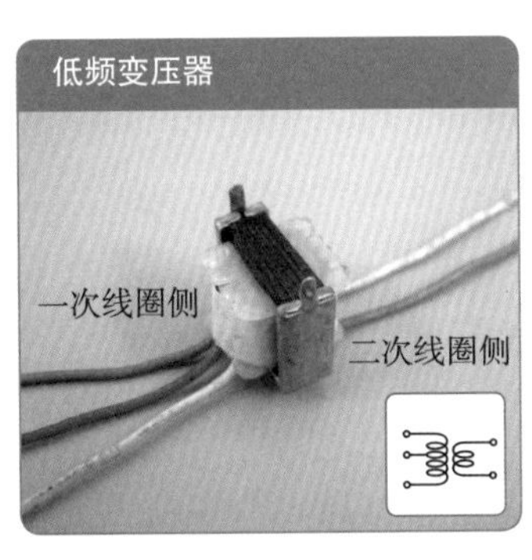

解　说

主要用于音频相关的输出。
随着电路技术的进步，现在几乎不用了。
输出变压器又简称为 OPT。

连接方式

一次线圈侧	绿：在 STEP 40 中接 10kΩ 电阻器
	红：电源正极
	白：在 STEP 40 中接 2SC1815 的集电极
二次线圈侧	绿：接扬声器的任一输入端子
	白：接扬声器的任一输入端子

轻触开关

解　说

将此开关安装到电路板上，就成了按钮开关。
在面包板上也可以使用。
套件中的轻触开关，只有按压时才导通。

连接方式

插在面包板上的时候，注意导通方向。容易搞错的地方印有标识。

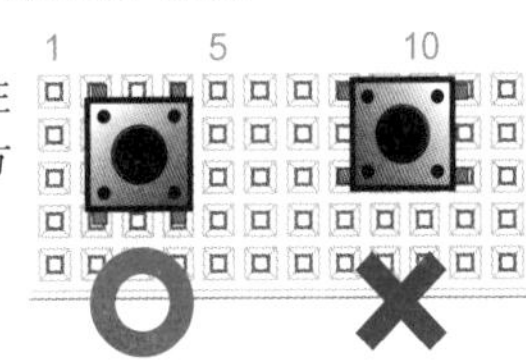

钮子开关

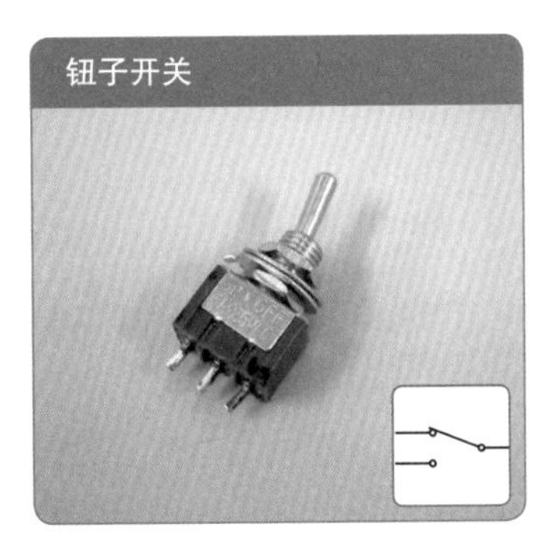

解　说

套件中的钮子开关为单刀双掷型，没有中立位。

连接方式

使用时，中间端子必须和两端中的任一个端子接通。仅作为开关使用时，两端中的一端是多余的。

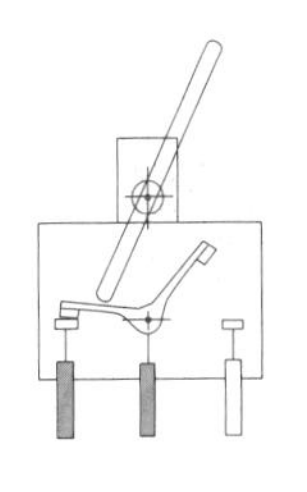

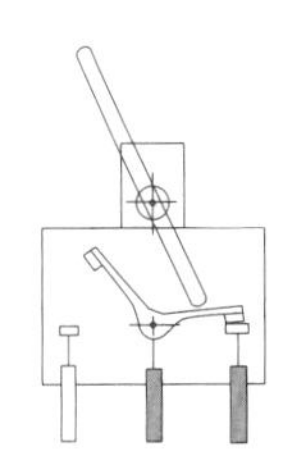

NPN 型晶体管

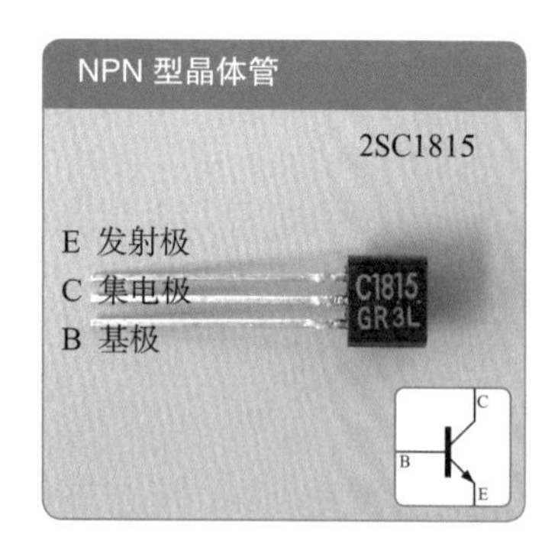

解　说　用于电流放大。集电极→发射极电流是基极→发射极电流的几十倍甚至几百倍。

连接方式　从电路符号来看，中间的引脚是基极。实际上并非如此。

按左图放置在手心，使字符面朝向自己，从上到下依次为发射极（E）、集电极（C）和基极（B）。

基极的最大额定电流为 50mA。如果实际基极电流超过最大额定值，就有可能导致晶体管崩裂或起火。

PNP 型晶体管

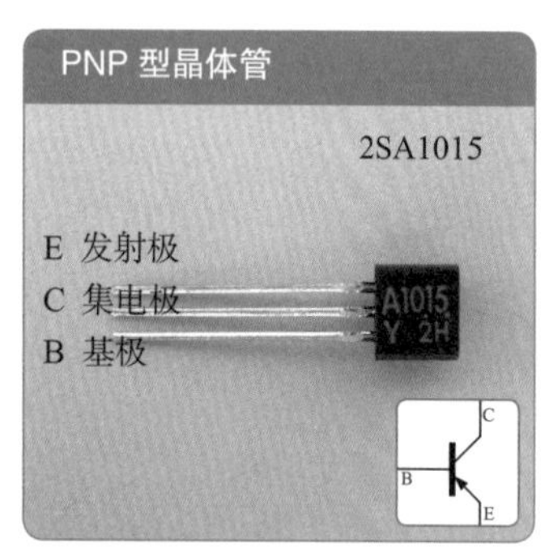

解　说　用于电流放大。集电极→发射极电流是基极→发射极电流的几十倍甚至几百倍。

连接方式　引脚识别方式同 NPN 型晶体管。

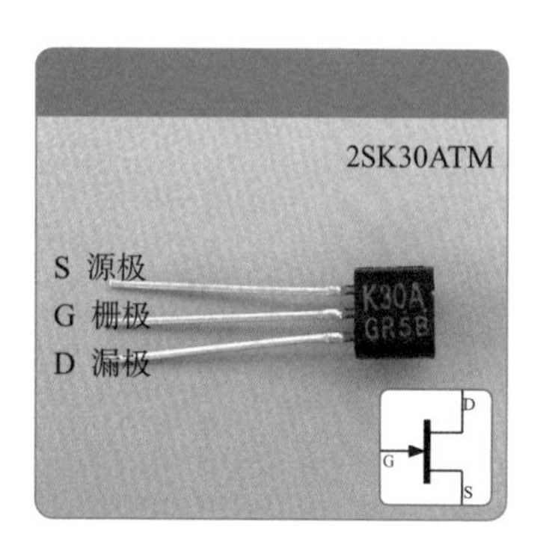

解　说　用于电压放大。

通过栅极 – 源极电压，控制流过源极 – 漏极的电流。

用　途　主要用于音频相关的模拟电路。

连接方式　按左图放置在手心，使字符面朝向自己，从上到下依次为源极（S）、栅极（G）和漏极（D）。特殊情况需参照数据表。

MOS 型 FET

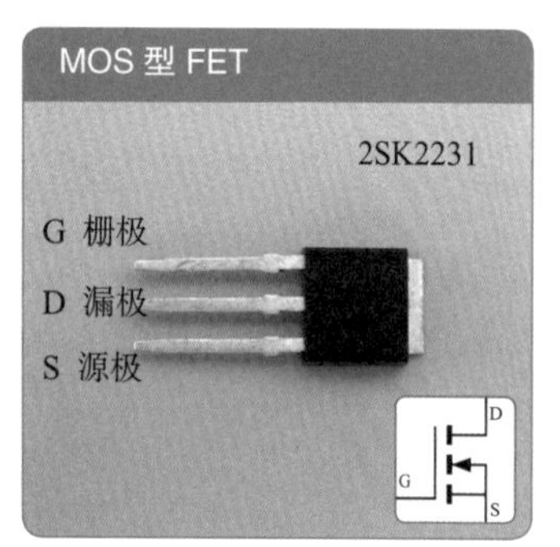

解　说　用于电压放大。

通过栅极 – 源极电压，控制流过源极 – 漏极的电流。

用　途　主要用于微控制器等数字 IC。

连接方式　按左图放置在手心，使字符面朝向自己，从上到下依次为栅极（G）、漏极（D）和源极（S）。特殊情况需参照数据表。

STEP 08

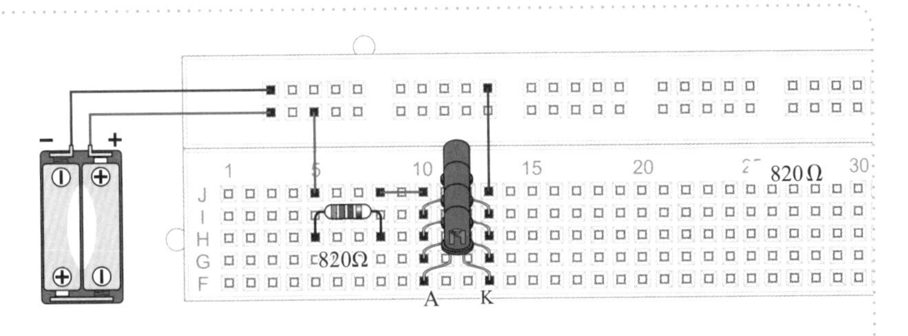

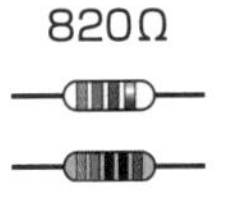

测量上述电路中各 LED 的电流时比较困难，转换为如下电路后更容易测量。

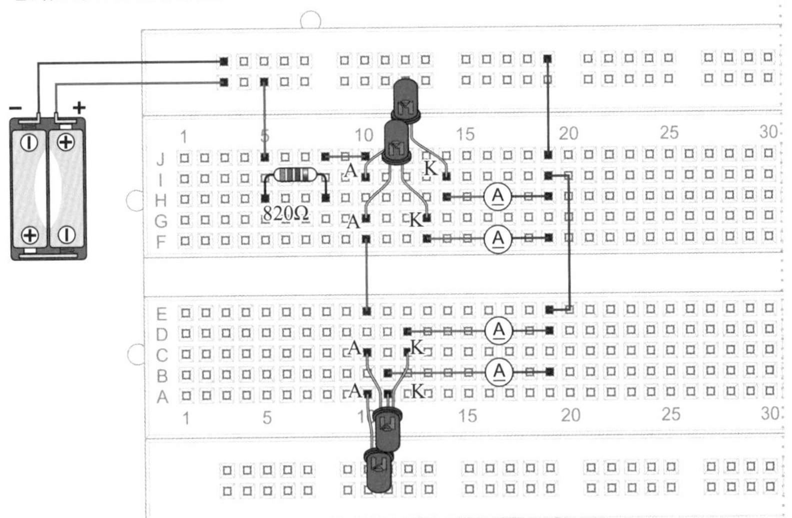

下图中画有 4 个电流计（万用表），但并不是 4 个同时使用。

可以只插入 1 个。

不使用电流计时，直接连线短接即可。

要分清每个电流计测量的是哪个 LED 的电流。

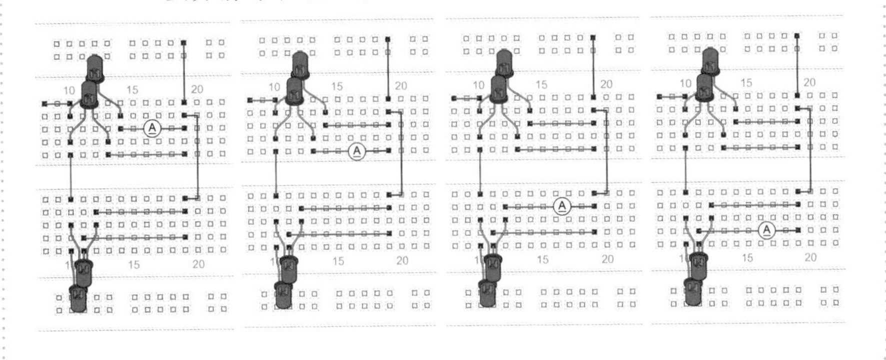

STEP 09

820Ω

改变电池的极性：

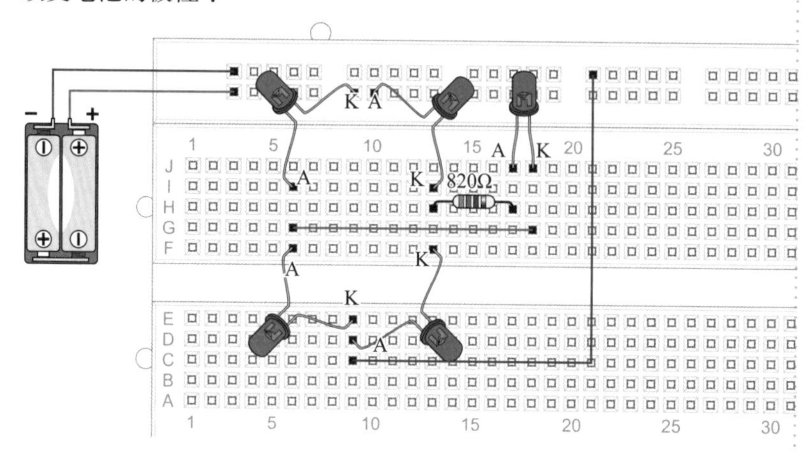

STEP 11

2.2kΩ

220Ω

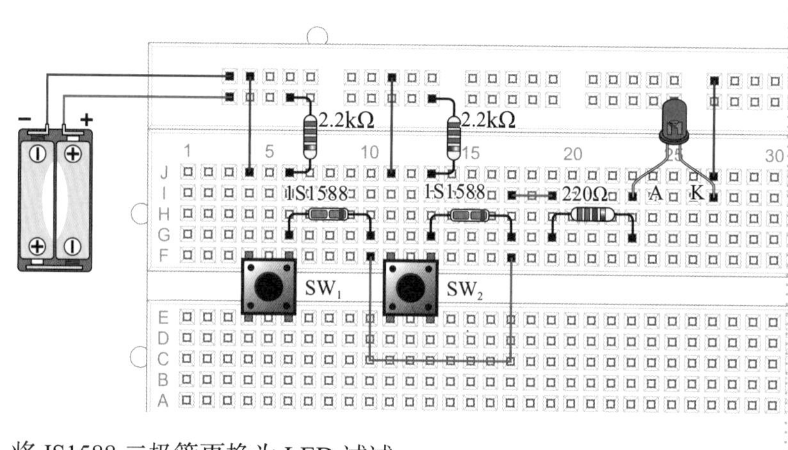

将 IS1588 二极管更换为 LED 试试。

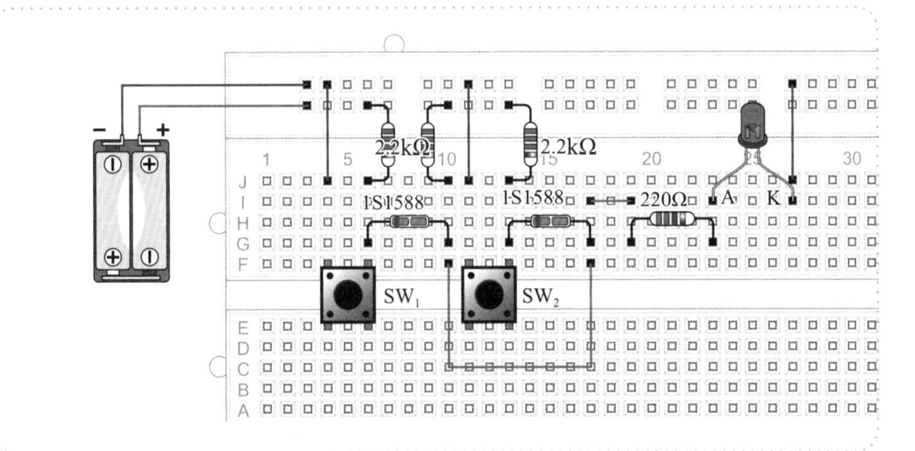

STEP 12

2.2kΩ

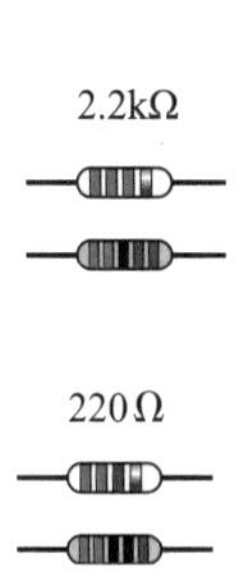
220Ω

STEP 13

左图为标准答案，但是减少了二极管数量的右图也能正常工作。用套件实际确认一下吧。

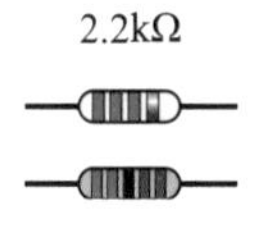
2.2kΩ

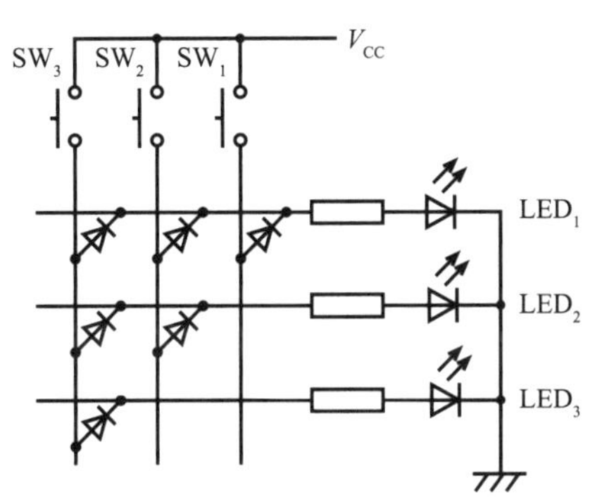

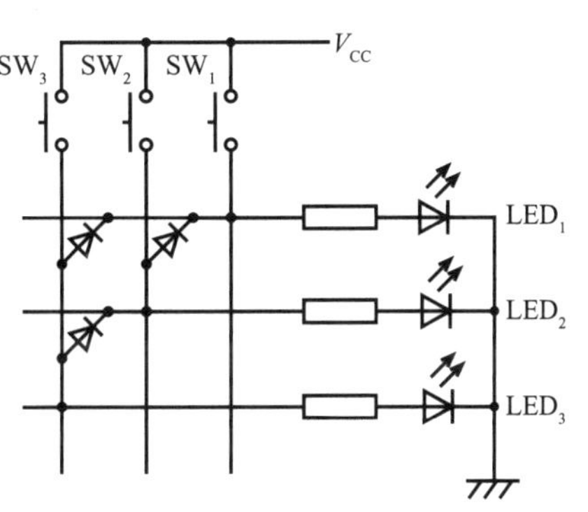

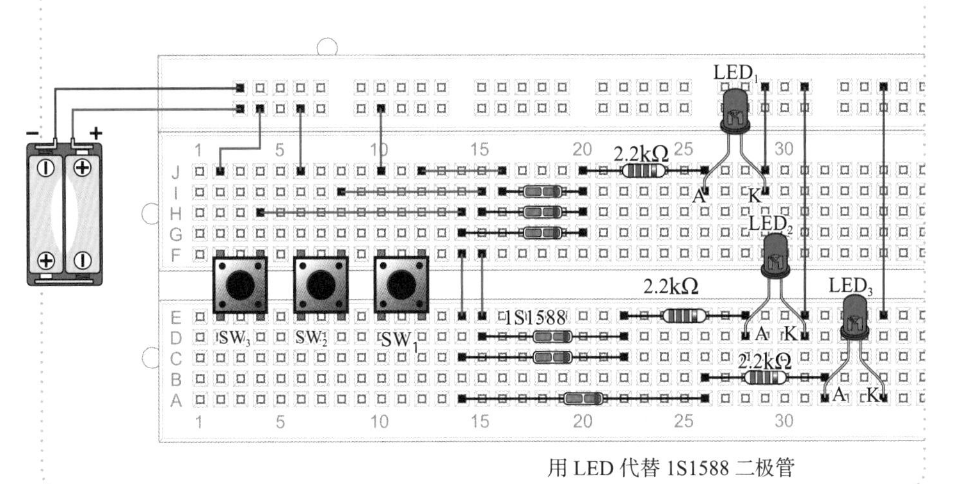

用 LED 代替 1S1588 二极管

STEP 15

820Ω

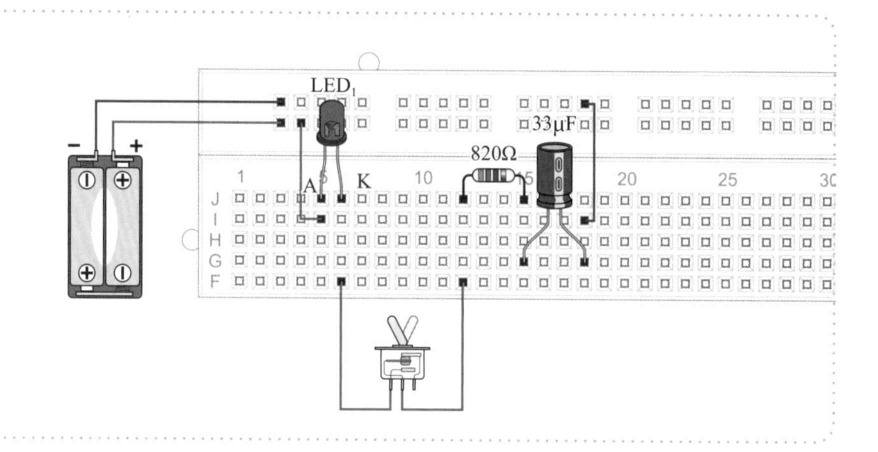

STEP 16

820Ω

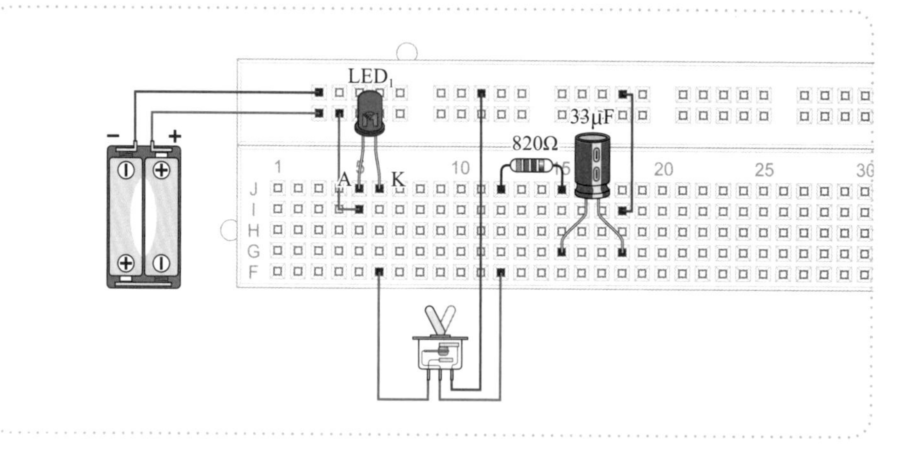

STEP 17

820Ω

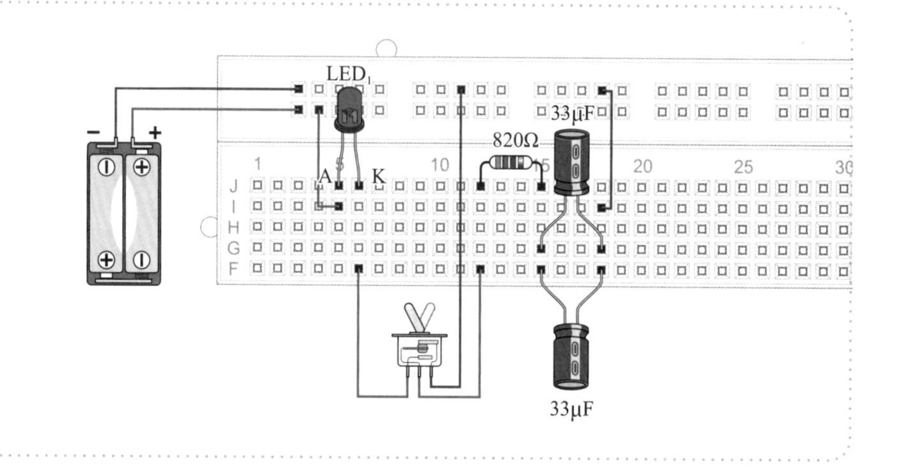

STEP 18

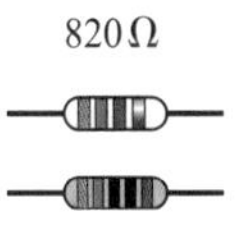

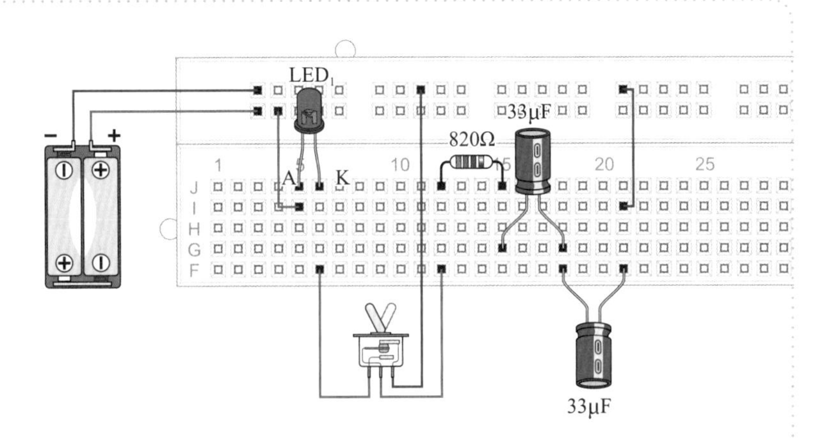

要对储存电荷的电容器放电时，如下图所示追加 LED 和连线。
这只是一种答案，还有 2 种电路，请大家考虑。

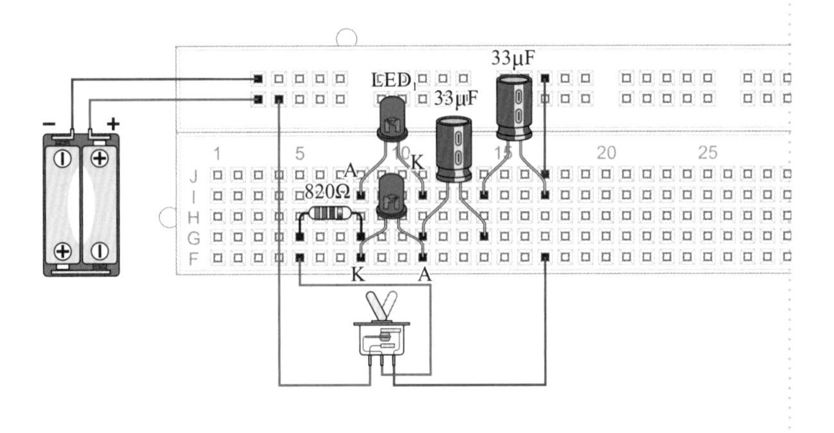

STEP 22

220Ω

200kΩ

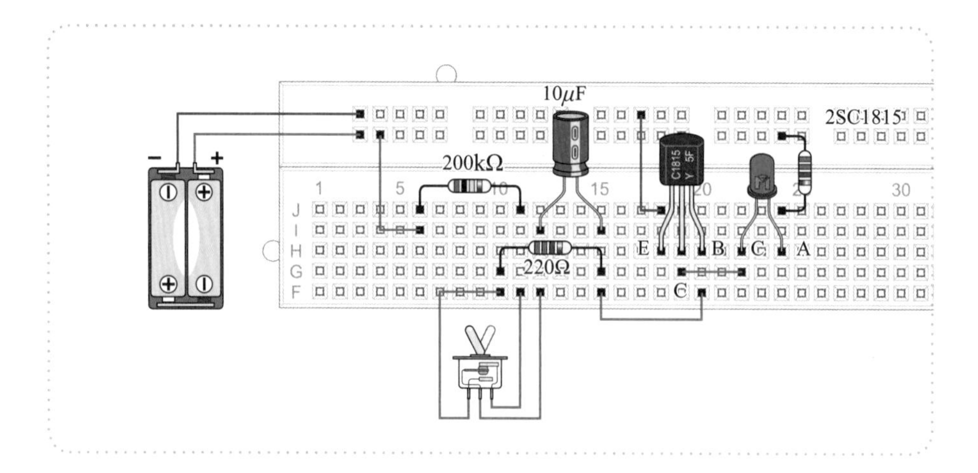

STEP 23

200kΩ

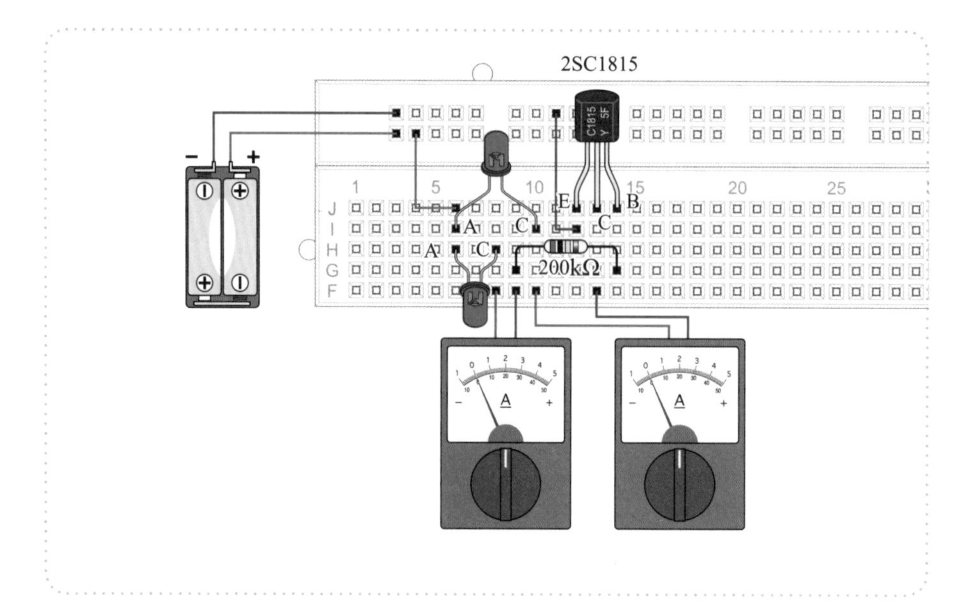

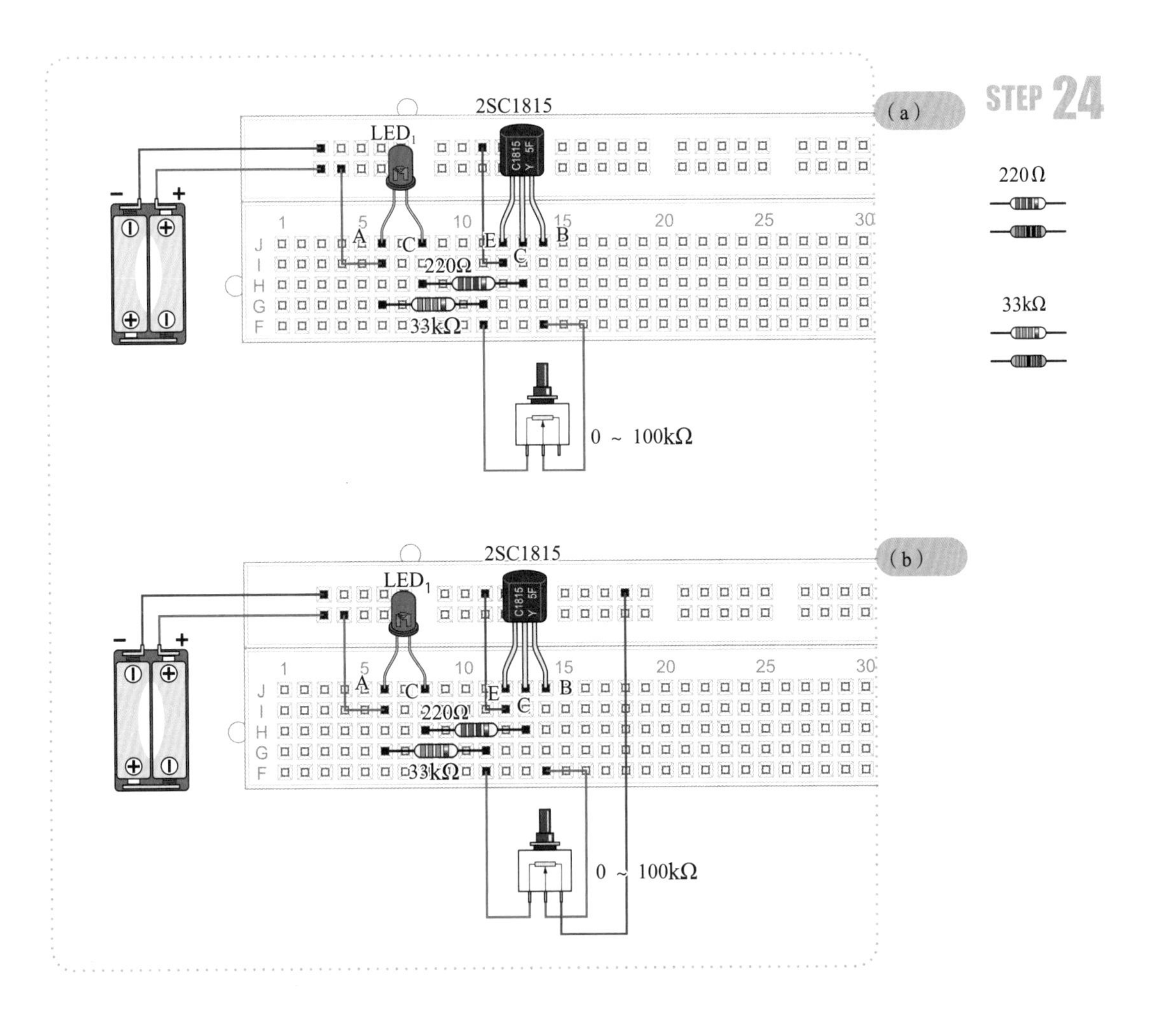

STEP 24
(a)
2SC1815
LED1
A
C
E
C
B
220Ω
33kΩ
0 ~ 100kΩ
(b)
2SC1815
LED1
A
C
E
C
B
220Ω
33kΩ
0 ~ 100kΩ
220Ω
33kΩ

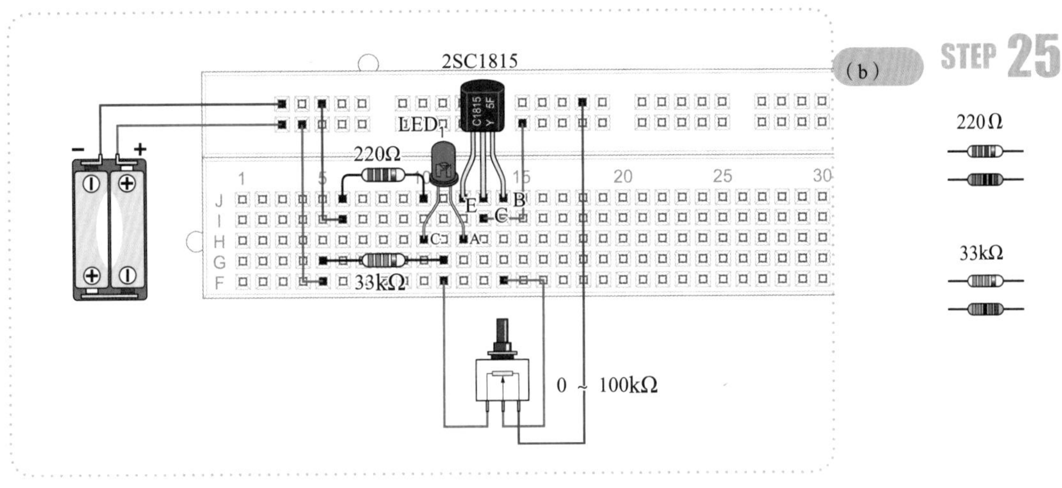

STEP 25
(b)
2SC1815
LED1
220Ω
E
C
B
C
A
33kΩ
0 ~ 100kΩ
220Ω
33kΩ

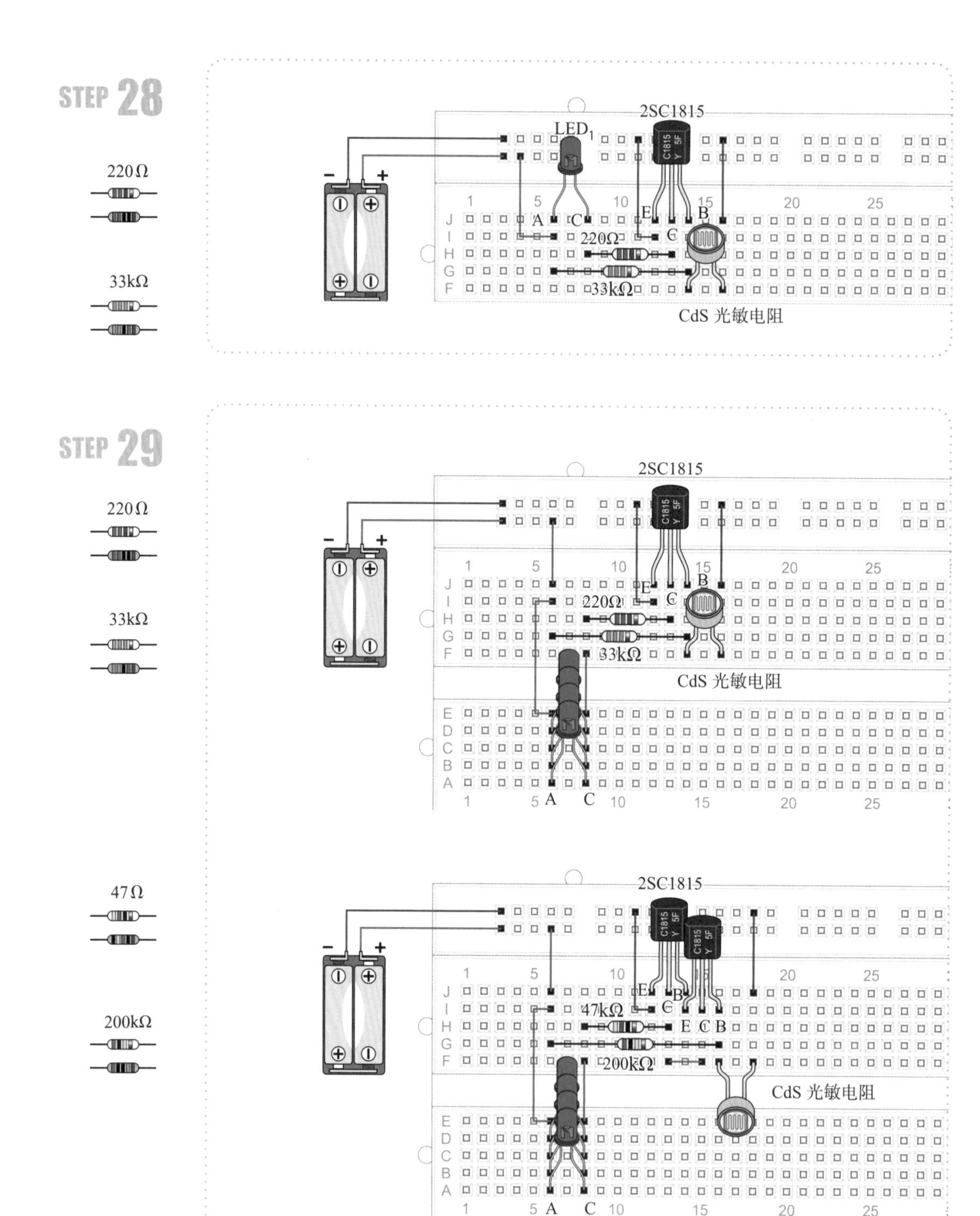
STEP 28
220Ω
33kΩ
2SC1815
LED1
CdS 光敏电阻
STEP 29
220Ω
33kΩ
2SC1815
CdS 光敏电阻
47Ω
200kΩ
2SC1815
CdS 光敏电阻

STEP 30

220Ω

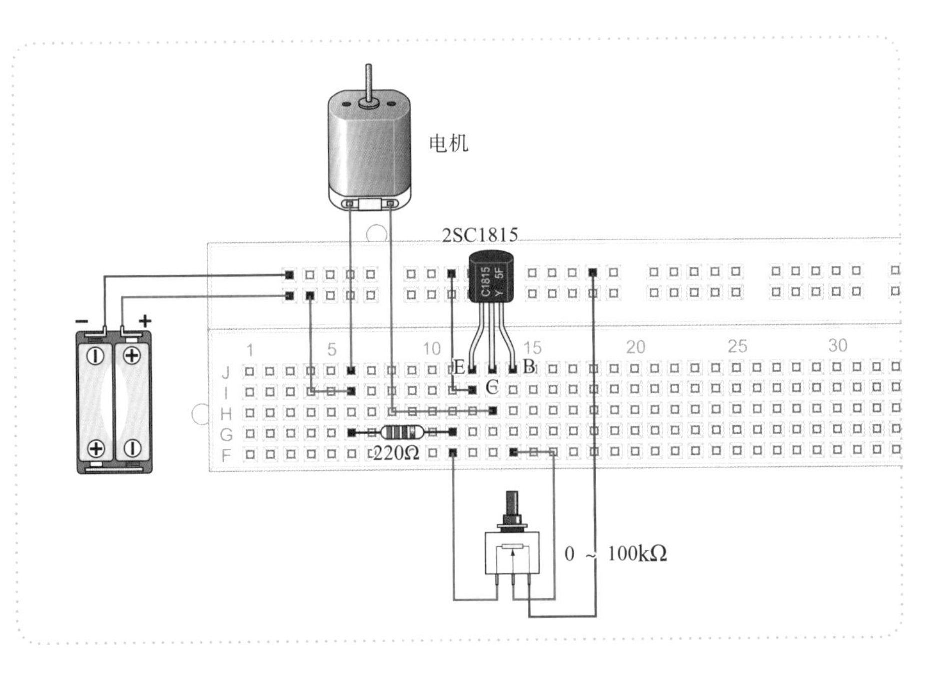

STEP 31

1.5kΩ

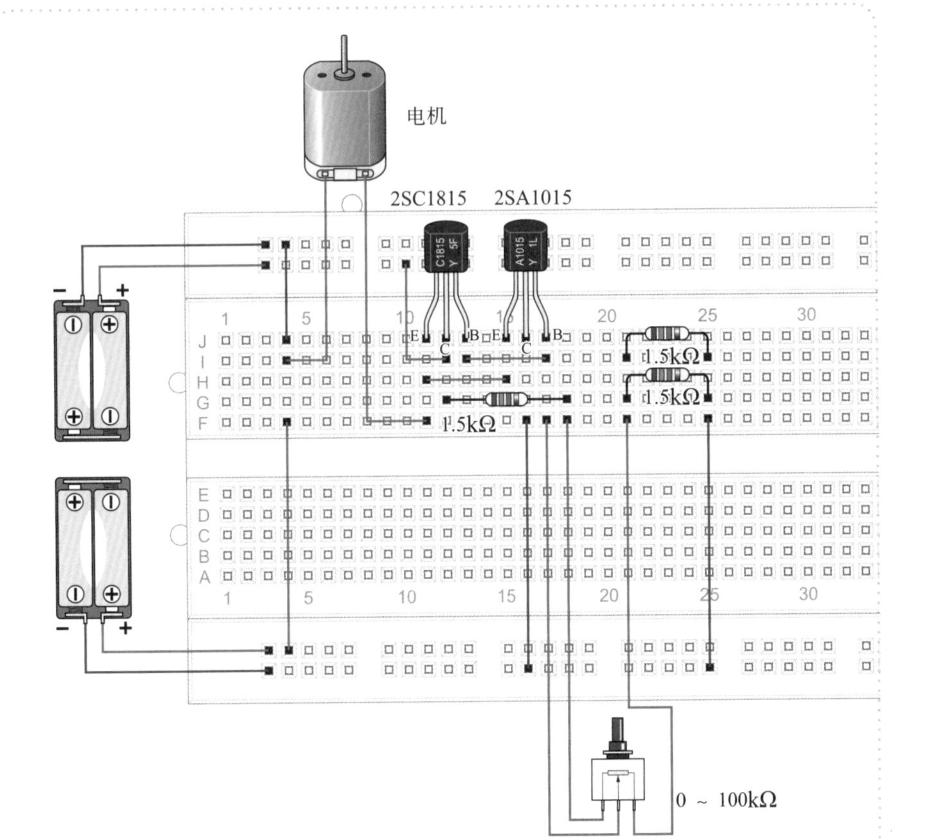

STEP 33

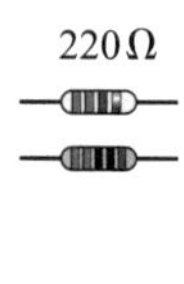

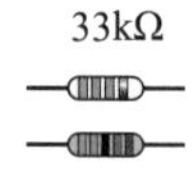

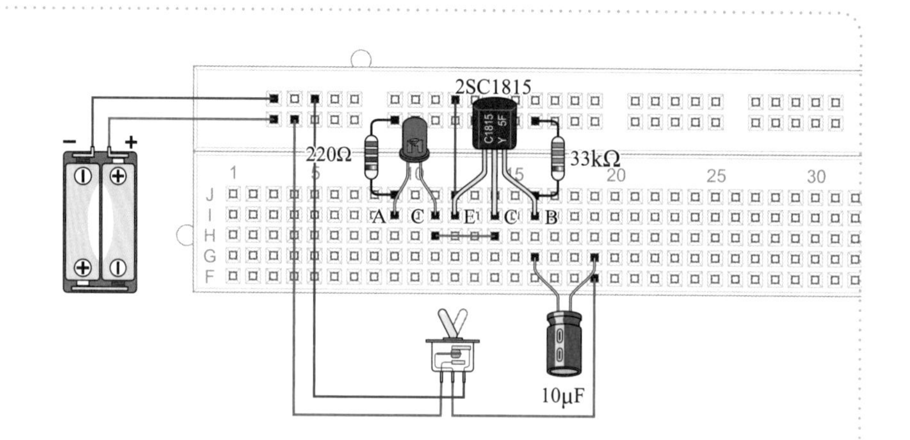

使用 2 个 LED 时，可以观察电容器的充放电状况。
电容器的容量越大，放电时间越长。

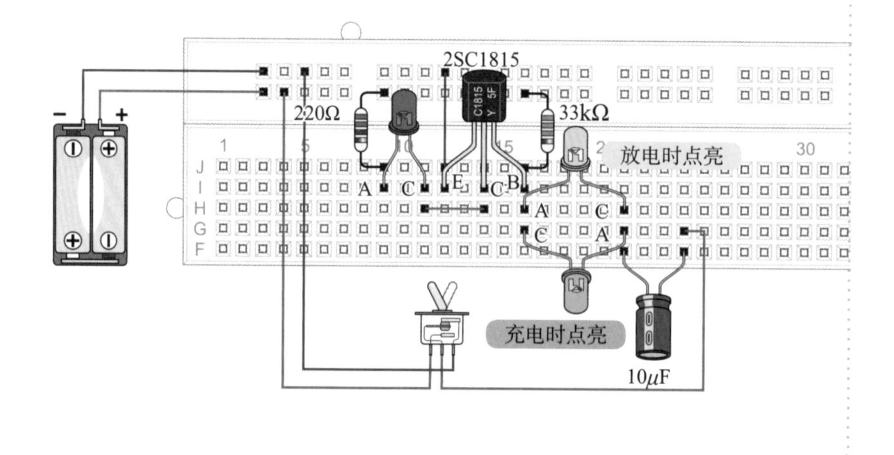

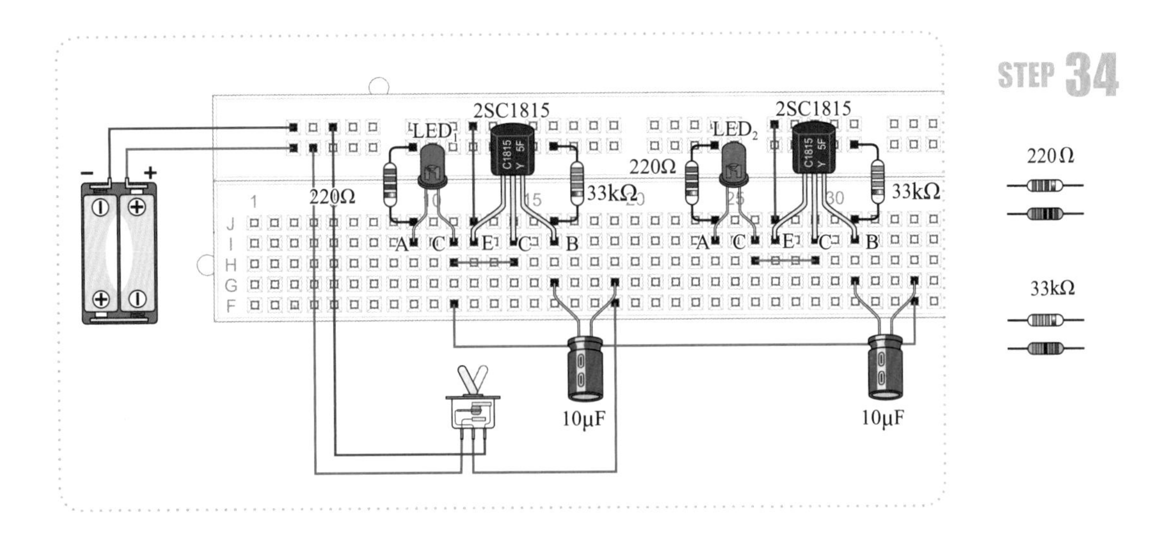
STEP 34
2SC1815
LED1
2SC1815
LED2
220Ω
33kΩ
220Ω
33kΩ
A
C
E
C
B
A
C
E
C
B
10μF
10μF
220Ω
33kΩ

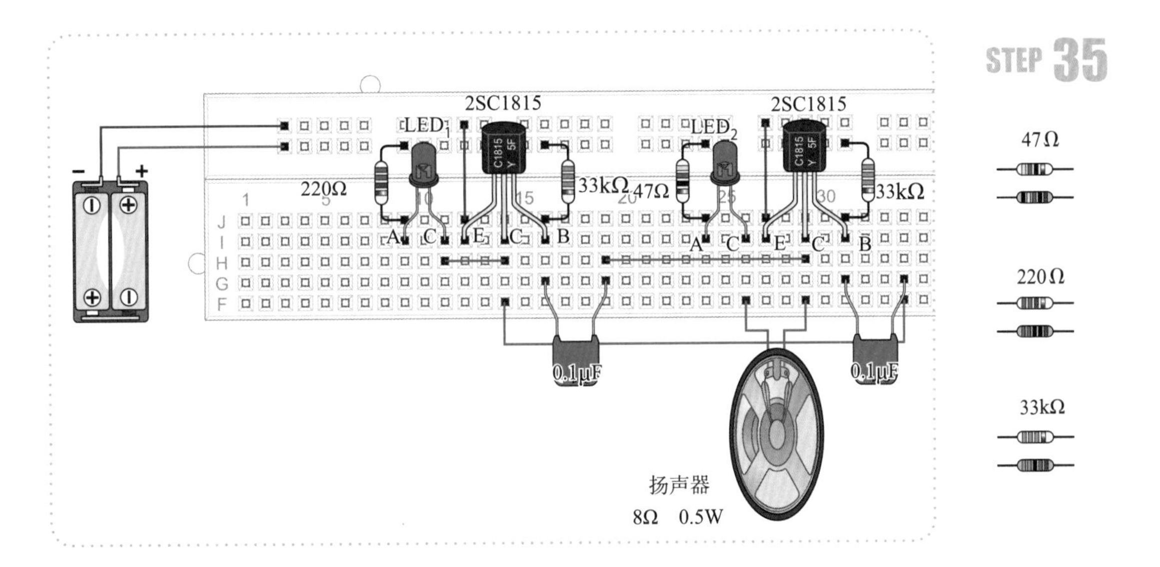
STEP 35
2SC1815
LED1
2SC1815
LED2
220Ω
33kΩ
47Ω
33kΩ
A
C
E
C
B
A
C
E
C
B
0.1μF
0.1μF
扬声器
8Ω 0.5W
47Ω
220Ω
33kΩ

STEP 36

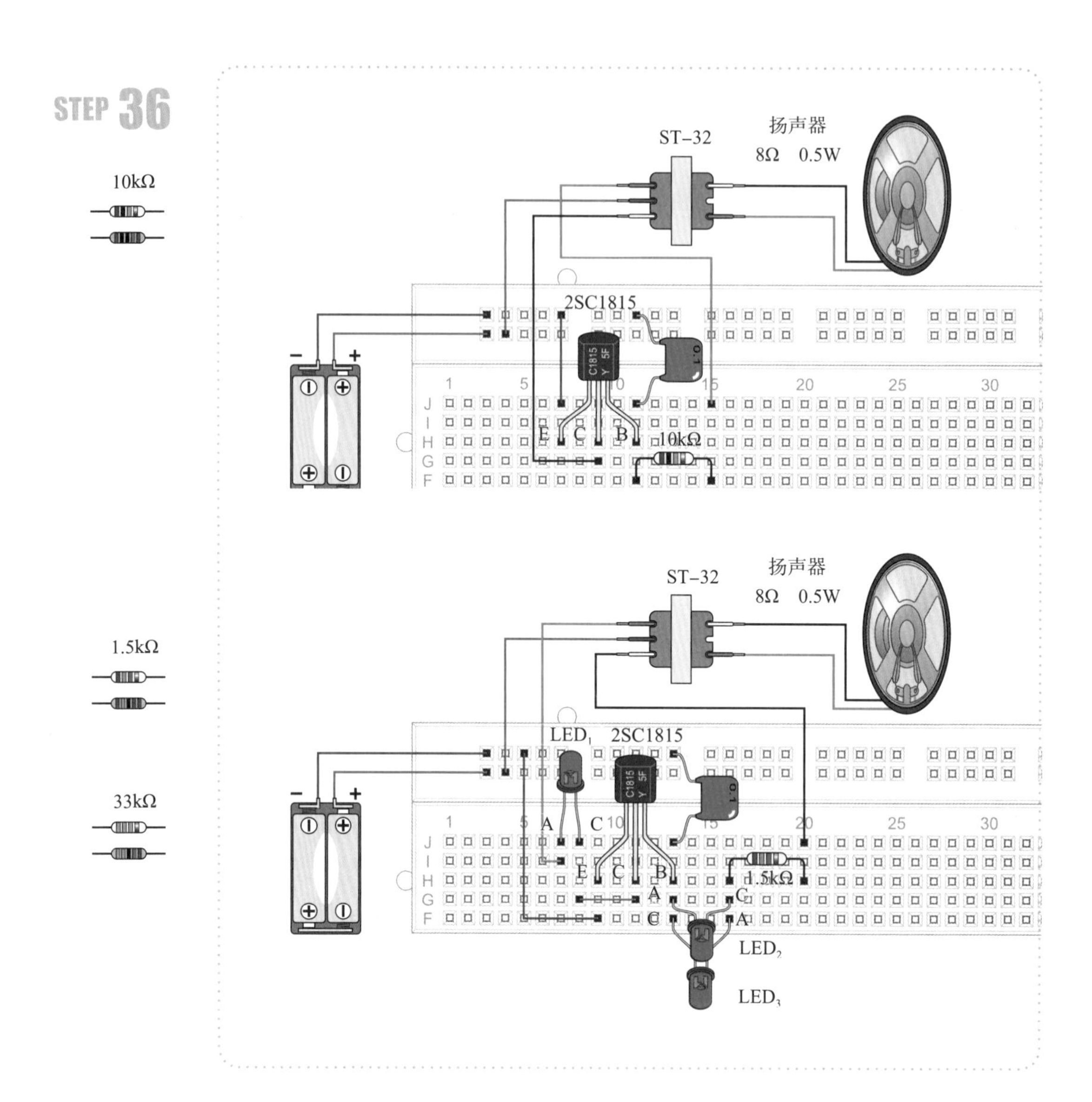
10kΩ
ST-32
扬声器
8Ω 0.5W
2SC1815
E
C
B
10kΩ
1.5kΩ
33kΩ
ST-32
扬声器
8Ω 0.5W
LED1
2SC1815
A
C
E
C
B
1.5kΩ
A
C
C
A
LED2
LED3

STEP 38

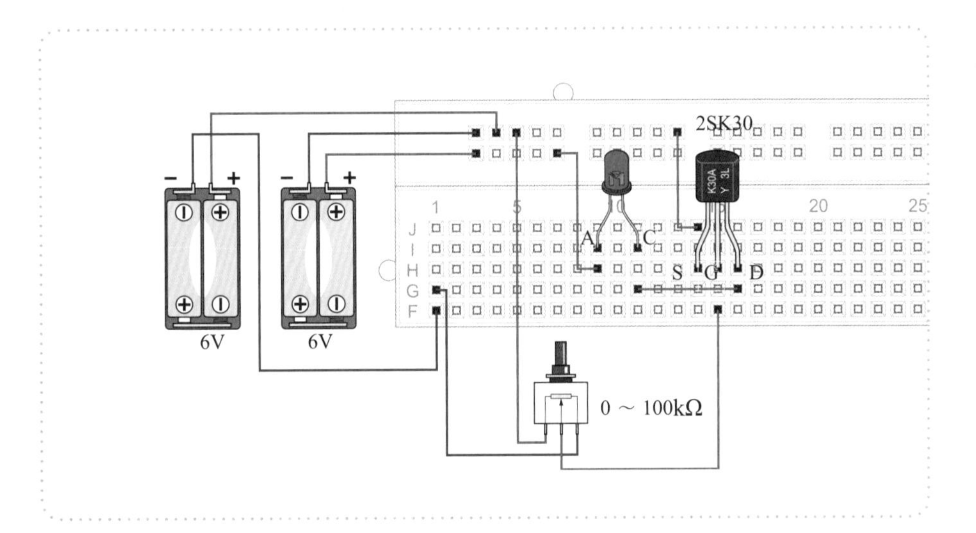

STEP 40

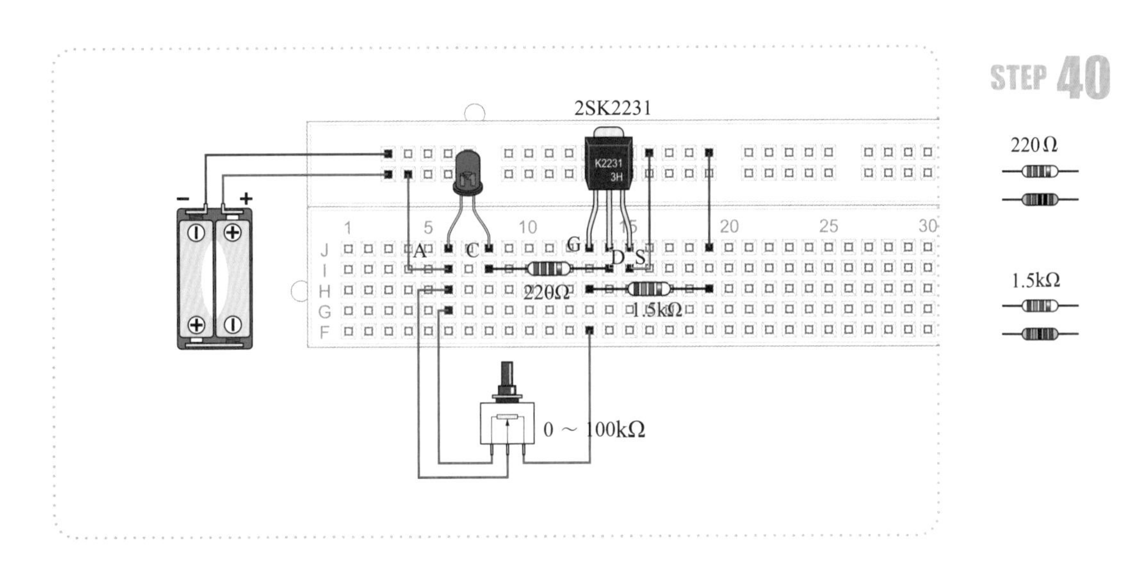